花與料理

美味的、迷人的、365天

作者
平井和美
渡邊有子
大段萬智子

譯者
賴郁婷

háp·chok·siā

JANUARY

JAN

1

年菜

希望可以保留做年菜的傳統。因為每一道、每一道，都有著不同的祈望和意涵。其實也知道，要每一道都做實在太累了。不過還是想帶著輕鬆的心情，加點創意變化，做出有家庭味道的年菜，祝賀新年的到來。

JAN
2

黑豆
鯡魚卵和青大豆
紅白泡菜

黑豆代表勤奮。最好煮得渾圓飽滿，外皮光滑不帶一絲皺紋。如果不小心把皮煮皺了，就當作要朝氣十足地活到皺紋出現為止吧……

鯡魚卵和青大豆做成的小菜，是福島當地的年菜。這食材搭配得甚是巧妙。

紅白漬蘿蔔必須用磨得銳利的刀子來切。這樣切出來的味道會特別好吃。

南天竹

「南天」*的意思為轉難為福。

JAN 3

譯註 日文「南天」的發音與「難転」相同，意為「反轉災難」（難を転じる），因此被視為吉祥之物。

JAN

4

萬年青

漢字寫作「萬年青」，日文讀作「omoto」。有些植物從漢字就能猜想到它的特徵。萬年青終年帶著翠綠的葉子，到了冬天，中心部位會長出紅色的果實。

在花飾設計上，就以同樣的姿態表現，將被綠葉團團簇擁的紅色果實，擺放於器皿中央。只要注入約浸過底部的水量，便足以供賞至下個月。

JAN

5

茶花

自從聽聞茶道有所謂「一花三葉」的說法，也就是將花修剪成一枝花搭配三片葉子，從此之後，每當茶花等花葉盛開到最美的時候，我都會以這種方法來修剪。依照花器和枝莖的高度，有時也會修剪成五片葉子，總之就是莫名地想以奇數去調整平衡。

雖然不是什麼絕對的規則，但我想繼續珍惜這種「莫名」的感覺。

JAN

6

國王餅

法國人在一月六日這一天，會和家人或朋友一起享用國王餅這道甜點，祝賀新年。

這道餅狀蛋糕裡會包藏一個法語稱為「蠶豆」（fève）的小瓷偶或硬幣，吃到小瓷偶的人就能成為當天的國王，接受大家的祝福。

日本近年來每到這個時節，也有愈來愈多人開始吃國王餅了呢。

JAN

7

七草粥

七草粥是為了祈求一整年的無災無痛。由芹菜、薺菜、鼠麴草、繁縷、佛座草、蕪菁、白蘿蔔等熬煮而成的七草粥營養豐富，對身體非常好。身體得到舒緩的同時，也可以感受到攝取了正確的飲食。

也有人說，吃七草粥是為了讓過年吃得太豐盛的腸胃得到休息，看來也有道理。

JAN

8

葉牡丹

年前插養的葉牡丹，細根在玻璃花器中搖曳的模樣，吸引了我的注意。

那象徵著生命力的堅毅姿態，令人不禁愛憐。再欣賞個幾天，等到根再長得長一點，就移植到土裡去吧。

JAN

9

花毬壽司

小鯛竹葉漬、清燙鮮蝦、香菜花、油菜花、巴西利花、細葉芹、紫蘇花穗、紅蓼。

手毬狀的迷你壽司，看起來有種扮家家酒的趣味。擺上喜歡的食材，捏成一顆顆圓滾滾的模樣，大家不妨也試試看吧。

松葉花圈

據說松木是「等待天神降臨之木」，因此得名「松」*。終年常綠的松木被視為神聖之木，代表著長生不老。

自從知道這層涵義之後，每到過年都會挑一枝松枝，繞成圓圈，做成聖潔的花圈。

譯註 日文中「松」的發音與「等待」相同，都讀作「matsu」

JAN
10

JAN

11

麻糬烏龍麵

麻糬烏龍麵還真是道驚人的料理呢！不就是澱粉再加上澱粉嗎？呵呵呵。

結束開鏡餅儀式後，將炸得像小米菓般的麻糬擺在烏龍麵上品嘗。油炸過的麻糬吃起來有著炸豆皮的風味，實在美味。大家別管什麼熱量了，一定要試試看！

JAN

12

烏桕

烏桕是路邊常見的落葉樹，菱形的葉子相當可愛。嫩綠的新葉充滿生氣，到了秋天漸漸轉為橘、紫、紅等漸層色，最後化為美麗的紅葉。但我最愛的，是冬天時裂開的果殼中露出的白色種子。經過乾燥之後，可以觀賞上好一陣子。

JAN

13

橘子沙拉

把橘子做成沙拉？大家不要太驚訝。橘子可是很棒的沙拉主角呢。這時候就必須讓辣椒作為可靠的配角。搭配帶有甜味的韓國辣椒粉和青花菜花，撒上粗鹽，最後再淋上芝麻油。

JAN

14

餅花

明天一月十五就是小正月了。好像又叫作女正月。

說到小正月的裝飾，就是「餅花」了。將紅白色的麻糬，裝飾在柳樹或山茱萸的枝莖上，祈求五穀豐收。

我家每年在裝飾餅花時，都會配合屋子的氛圍，將紅色的麻糬揉成淡淡的色調。一同掛在樹枝上的貓頭鷹*紅包袋，則是期望新的一年可以輕鬆地迎來幸福。

譯註　貓頭鷹的日文讀作「hukurou」，與「不苦勞」發音相同，因此被視為幸福之鳥。

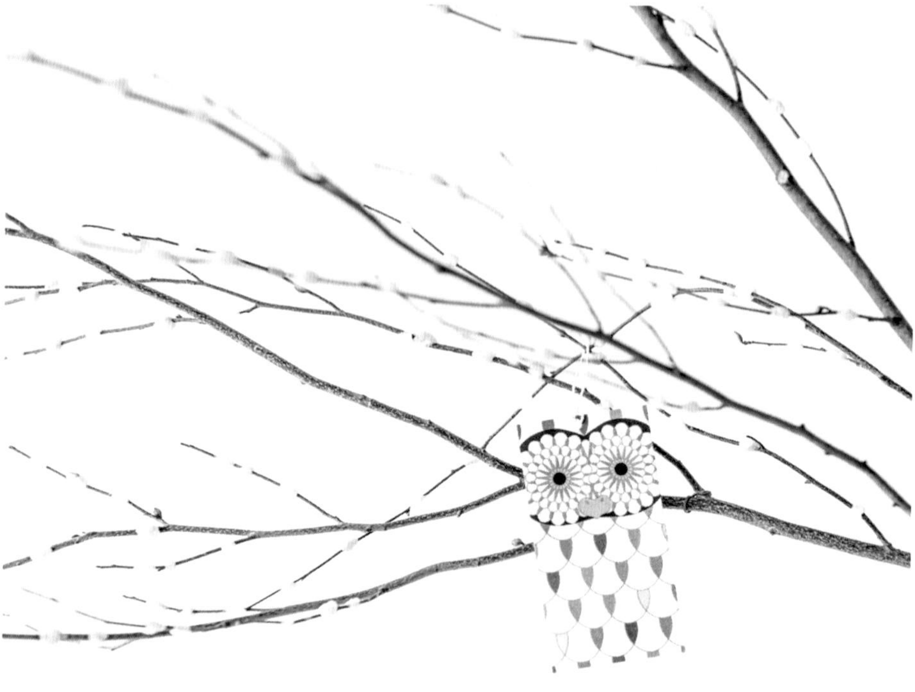

JAN
15

香草冰淇淋

以香草冰淇淋搭配櫻桃，作為一年之始的紅白色妝點。

冬天躲在暖呼呼的屋子裡吃冰淇淋這件事，實在讓人難以抗拒。

JAN

16

球芽甘藍

球芽甘藍是甜度很高的冬季蔬菜。我喜歡裹上麵衣油炸，享受它滿口的鮮甜。

JAN
17

食用花

三色堇有時會被當作食用花，為餐桌添增華麗的色彩。

順帶一提，食用花是指把花當成食材來運用，或指可食用的花。

白花椰菜濃湯

白色蔬菜象徵著冬日之味。
是在寒冷季節裡，讓人不時會想做的一道濃湯。

JAN
18

〈材料〉

白花椰菜　半顆
洋蔥　半顆
奶油　15公克
月桂葉　1片
水　400毫升
粗鹽、橄欖油、香草花　各適量

①將奶油放入鍋子裡，融化後加入洋蔥絲和切成小朵的白花椰菜大略拌炒。接著撒上粗鹽，蓋上鍋蓋以小火蒸15分鐘。
②加入水200毫升和月桂葉，慢火燉煮15分鐘。
③取出月桂葉，整鍋以食物調理機打勻。視濃稠度加入剩餘的水稀釋，並以鹽調整味道，最後以小火復熱。
④舀入盤中，淋上橄欖油，擺上香草花裝飾。

JAN

19

蠟梅

附近人家有棵高大的蠟梅，光是聞到遠處飄來的陣陣花香，便知道花期已然來到。

春天的腳步還早。但植物們已經像這樣，悄悄地一點一滴捎來春天的氣息。

JAN

20

咖啡與花

一年三百六十五天，我幾乎每天都會喝咖啡。

用當季的花來陪襯每天固定的咖啡，就是個全新的早晨。

JAN

21

朝鮮白頭翁

朝鮮白頭翁原是綻開於四、五月的野生植物，但在花市卻被歸類為早春花卉。這個時節，外頭的天氣還冷得讓人不禁縮起身子，恨不得春天的腳步快些來到。所以每當在花市看到它的身影，總會忍不住為自己買一束回家。

JAN

22

帶葉洋蔥與葉菜

這些都是帶有土地生命力的蔬菜。透過慢火細燉，更顯鮮甜。

白色花束

只取白淨的水仙花和銀蓮花綁成的花束。

一年之始的一月，是親友們互道寒暖、熱絡感情的月份，因而稱為「睦月」。希望為身邊的人輕輕送上這樣的一束花。

〈材料〉
白水仙
銀蓮花

挑選枝莖較長的白水仙為中心，將銀蓮花和剩餘的白水仙，以斜擺的方式層層疊繞。

JAN
23

JAN

24

淺漬紅蕪菁與油菜花昆布漬

將紅蕪菁切成薄片，以鹽醃漬入味。加入醋、紅細砂糖和黃柚子皮後緊緊密封，壓上重石，靜待入味。這是一道顏色漂亮的冬季淺漬小菜。

另一道油菜花昆布漬，則是可以感受到初春來臨的小菜。

JAN

25

裸炸球芽甘藍

將鎖住滿滿鮮甜的球芽甘藍，不裹粉直接下鍋油炸，直到球葉稍稍綻開。驚人的甘甜加上鬆軟的口感，好吃得讓人停不下來。我已經愛上球芽甘藍了。

JAN
26

重瓣鬱金香

重瓣鬱金香低垂綻放的模樣，莫名地可愛。

JAN

27

金柑

想預防感冒可以吃金柑。圓圓大大的模樣，就像冬天的太陽一樣。

JAN

28

聖誕玫瑰

冬天時，我會替家裡變得寂靜冷清的院子，種上色彩柔和的聖誕玫瑰。

聖誕玫瑰低頭綻放的模樣，隱約地像個羞怯的少女，讓人不由自主看得入神。

若要欣賞聖誕玫瑰的花顏，建議可以從花朵底部的花梗處剪下一小段，讓花漂浮在水面上，這種手法非常簡單，值得試試。

JAN

29

炙燒鴨胸

炙燒的手法可使鴨胸保留鮮甜肉汁，呈現軟嫩的口感。

〈材料〉

鴨胸　1片

味醂　2又½大匙

酒、醬油、水　各2大匙

①鴨皮以刀劃出深格紋後，抹上鹽，以鴨皮朝下的方式放入平底鍋煎。

②將煎好的鴨肉放入事先混合煮沸過的調味料中，醃漬半日以上。食用前以攝氏80度的熱水，隔水加熱約15分鐘即可。

JAN
30

油菜花

油菜花帶來了早春的消息。以油菜花做料理，感受寒冬漸漸回暖的氣息。每一年，春天的到來總是令人雀躍。

JAN
31

草莓鮮奶油三明治

將烤得熱呼呼的美味短棍麵包，搭配加了煉乳的鮮奶油與酸甜草莓，做成三明治。外頭雖然寒風陣陣，但好想把三明治放到藤籃裡野餐去。

FABRUARY

歐石楠

大分縣的「大神農場」寄來了聖誕歐石楠。

歐石楠的英文是「Heath」。據說在英國是生長在荒野（heathland）中，因而得名。包括《咆哮山莊》在內，歐石楠盛開的荒野，經常被用來作為小說的故事舞台。

FEB 1

FEB

2

雞蛋與平底鍋

玉子燒、荷包蛋、水煮蛋……雞蛋料理雖簡單，但只要肯用心，絕對不會讓人失望。

確實算好時間、看好火力，只要做好這些，就會得到截然不同的美味。廚具的選擇也是。光是用鐵鍋煎出來的荷包蛋，就足以端上宴客餐桌。

雖然只是區區的雞蛋，卻一點兒都不簡單。

FEB

3

文旦

水分、果肉和薄皮間的附著程度、恰如其分的酸甜……無論哪一項，文旦都是所有柑橘類中最完美的表現。

說到剝文旦皮時舒暢的感覺，絕對沒有其他水果可以比擬。對我來說，文旦就是king of柑橘。

爆竹百合

爆竹百合是在春天開花的球根植物。大家對它或許不怎麼熟悉，事實上它的原生地在南非，又稱為南非風信子。

每到二月，花市裡就能開始大量見到它的身影，顏色和開花方式各異其趣。挑選三種不同品種的爆竹百合，搭配一枝鮭魚粉的風信子，像花束一樣綁好，直接插養於器皿中。

FEB

4

FEB

5

原生種鬱金香

我在二十幾歲時，第一次見到原生種的鬱金香。十來公分的小巧模樣，可愛得讓人說不出話來。從那之後，那股心動的感覺未曾改變。

FEB
6

熱狗三明治！

偶爾就是會突然想吃經典的熱狗三明治。這時，當然就要好好地吃個過癮。

啊！不過還是有一些堅持。一定要鋪上滿滿的酸黃瓜末。這個小動作，可是會讓美味更加分呢。

FEB
7

水耕風信子

觀察自去年十二月種下的水耕風信子，成了我每天的功課。

FEB

8

多肉植物

原本就因為喜歡而養了不少，自從認識了懂得組盆的同好後，就更加著迷了。

說來丟臉，過去我一直把多肉植物當成室內植栽來養。直到朋友告訴我「多肉植物一定要養在外頭！」，這才知道原來之前嘗試組盆，多肉卻相繼枯萎、莖幹變得軟弱無力，全是因為缺少陽光照射的緣故。

畢竟是生長在沙漠地帶的植物，還是需要充足的陽光才行呢。考慮到植物原本的生長環境，或許才是和它們共處的最重要關鍵。

FEB
9

花與器皿

關於插花最常被問到的問題，就是器皿的選擇。如果無法下決定，可以試著以同色系的器皿來搭配。除了白×白的搭配之外，黃×黃、紅×紅等，顏色彩度愈強烈，愈能營造出前衛又時尚的感覺。

銀荊花圈

〈材料〉
銀荊（金合歡）
珍珠繡線菊
市售的花圈底座　直徑15公分

①將銀荊的枝莖分別剪成約10公分長，並將枝莖下方3公分處的葉子剪去。
②將一枝銀荊沿著花圈底座，朝同一個方向插上去。
③將凸出底座的枝莖朝上反摺插入底座中。花的一端以散開的方式調整出自然生動的層次。
④最後，將珍珠繡線菊剪成約15公分長，由上方輕輕地以環繞的方式插入底座。

FEB
10

FEB 11

奶油培根義大利麵

現在已經不會想在外面吃奶油培根義大利麵了。年輕時光是想到濃厚的醬汁裹在麵條上，搭配培根的油脂及滿滿的黑胡椒……就不禁口水直嚥。但現在，那樣的濃厚卻稍顯沉重。在家自己做就可以控制奶油的用量，也能減少培根的油脂。偶爾來一盤清爽的奶油培根義大利麵也很不錯。

〈材料．2人份〉

義大利麵　140公克
蛋黃　2顆
鮮奶油　50毫升
帕馬森乾酪　20公克
義式培根　50公克
黑胡椒　6公克

①將蛋黃、鮮奶油和帕馬森乾酪放入大碗裡拌勻。
②以平底鍋乾煎義式培根，直到油脂釋出。
③將煮好的義大利麵放入①的大碗中，加入煎過的義式培根，趁熱迅速拌勻所有材料，最後撒上滿滿的現磨粗粒黑胡椒。

FEB
12

花圈的碎材

製作花圈時，桌上總會有一些從花材中掉落的葉子或花朵，稱為「花圈的碎材」。

乾燥之後，可以收入瓶罐中，或擺在盤子上、點綴於包裝上，體驗剩材帶來的小小樂趣。

FEB
13

茴香文旦沙拉

茴香的莖梗帶有清柔淡雅的香氣，是屬於西方的氣息。以茴香和柑橘做成沙拉，香甜的滋味令人著迷。配上烏賊或鮮蝦等海鮮更是美味。

不過，若是單純想品味茴香的香氣，爽口不膩的文旦是最好的搭配選擇。

FEB
14

餐桌上的花

簡單小巧的插花，擺在哪裡都很適合。
插在牛奶盅裡的三色堇，前一刻還擺在廚房的窗邊，到了短暫休息的點心時間時，便從窗邊移到餐桌上。隨著當下的心情改變擺放的場所，也是弄花生活的樂趣之一。

FEB

15

巧克力冰淇淋

香醇的巧克力冰淇淋有著令人著迷的滋味。

〈材料〉

黑巧克力　150公克

牛奶　200毫升

鮮奶油　200毫升

細砂糖　20公克

①鍋子裡放入牛奶和碎巧克力，以小火加熱至巧克力融化。

②將鮮奶油和細砂糖放入大碗中打至七分發，倒入放涼的①拌匀後，倒入淺盤等容器中，放入冷凍庫等待凝固。

③冷凍的過程中再取出攪拌數次，拌入空氣，使質地呈輕盈狀，再放回冰箱冷凍。

FEB

16

串鈴花

帶球根的串鈴花。
喜歡它帶著根鬚的模樣。

FEB

17

油菜花的碎花

任何蔬菜和果實的花，都有迷人之處。

可將油菜花的碎花點綴在湯品或沙拉上，展現惹人憐愛的姿態。

FEB

18

紅蘿蔔濃湯

以紅蘿蔔、洋蔥、小番茄為基底熬煮的濃湯。清爽順口的滋味，對於從寒冬迎向春天的身體，最適合不過了。

盛盤時將濃湯當作畫布，擺放上油菜花。

FEB
19

陸蓮花

長得好像蔬菜！

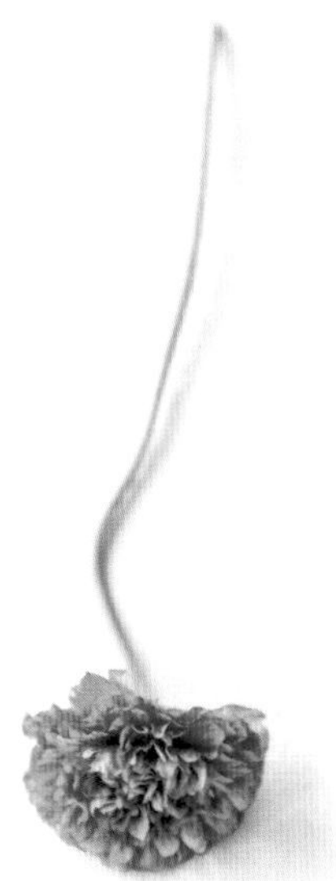

FEB

20

開心的片刻

一有短暫的空閒，就喜歡找點讓自己開心的事物。像是咖啡和書本。還有花。

FEB
21

春天色彩的沙拉

水煮蛋的黃色，搭配黃色的油菜花，調成一盤春天色彩的沙拉。法式芥末醬加上優格和橄欖油，再用鹽調整一下味道，做成醬汁鋪底。上頭擺放半熟水煮蛋，最後以油菜花點綴。

FEB
22

水仙

將花和葉子分開，也是呈現單枝花卉的花飾方法。
用豌豆藤把葉子束起來，取代原有的綁繩。

FEB 23

風信子花束

風信子的香氣強烈，甚至被拿來製成香水。綁成花束擺飾的話，屋子裡到處都會飄散著清甜淡雅的香氣。

〈材料〉
風信子
嚏根草
豌豆藤

①將風信子抓在一起，以隨意錯落的方式調整高度和方向。
②周圍以嚏根草和豌豆藤環繞，綁成花束。

FEB

24

香草束

將各種剩餘的香草綁在一起，
做出獨一無二的香草束。

FEB

25

海瓜子蒸馬鈴薯

馬鈴薯料理的美味，祕訣就在於破壞馬鈴薯的組織。這會改變馬鈴薯的口感，影響其滋味。就像炸薯條，也是先將馬鈴薯煮過後再放涼，同樣的步驟重複一、兩次，為的就是破壞組織。最後再下鍋油炸。

這道海瓜子蒸馬鈴薯用的也是煮過的馬鈴薯，這樣才能吸滿海瓜子釋出的鮮甜湯汁，美味不可言喻，讓人不禁想來杯葡萄酒。

FEB

26

各種春天的花

在家裡的小型玻璃器皿中，各插上一枝花。

勿忘草、爆竹百合、嚏根草、陽光百合、三色堇。

小酒杯、藥瓶、燒杯、牛奶瓶、玻璃杯。

FEB
27

春天從黃色開始

大家知道春天最早綻放的花大多是黃色的嗎？例如油菜花、蒲公英，以及金合歡和連翹等。

原因據說是因為黃色最容易吸引昆蟲的注意。因為植物必須靠昆蟲授粉才能結果，留下種子，延續生命。對了！植物果實之所以大多是紅色，也是因為這是最容易吸引鳥類注意的顏色。

光線和顏色，是感受季節來臨的媒介。當春天最早的黃色花朵綻放時，不僅是昆蟲，就連人們，也會不禁因為春天的到來而蠢蠢欲動。

FEB

28

甜菜根

第一次吃到甜菜根是什麼時候呢？只記得它驚人的土味。處理完甜菜根的雙手被染得鮮紅，就連圍裙也到處都是紅色斑點……看著被鹼汁和色素染紅的手指，突然有種下廚的實在感，讓人心情也跟著好了起來。

FEB

29

油炸鬱金香翅腿*

以前曾被問道：「什麼！是炸鬱金香的意思嗎？」害我一時不知道該怎麼回應。可以用百里香纏繞在翅腿骨上當作點綴。

譯註 將雞翅切開，留下主要的骨頭，再將肉捲成像鬱金香的形狀後油炸。

MARCH

MAR

1

櫻鯛

粉紅色的鯛魚象徵著春天。用馬鬱蘭、鼠尾草、迷迭香等大量香草，將鯛魚層層覆蓋，就能達到類似蒸烤的效果，將雪白的魚肉烤得鮮嫩甘甜。

MAR

2

烤櫻鯛

淋上白酒、橄欖油，撒上粗鹽，再以攝氏兩百度的烤箱烤上十五分鐘。大量的香草提升了鯛魚的滋味。

是一道簡單卻奢華的春季料理。

MAR
3

草莓花圈

嬌小的草莓實在可愛，捨不得一下就吃完。於是在桌布上以多花素馨的藤蔓圍成圓圈，再擺上草莓，畫面彷彿花圈般。最後用洋甘菊和天竺葵點綴。欣賞完片刻之美後，再品嘗草莓甜美的滋味。

MAR

4

春天綻放的劍蘭

提到劍蘭，一般印象中都是鮮豔的夏季花卉。但春天的劍蘭不僅有著柔和的色彩，高度也不過約三十公分，就連花朵也開得小巧迷人。

取法國的古器皿添點水，讓劍蘭倚躺著邊緣擺放。

MAR
5

花貝母

花貝母的姿態，讓人見過一次就印象深刻。我喜歡氛圍柔和的花草，或是像玫瑰、繡球花這種常見的花，但偶爾也會想用個性強烈的花作為擺飾。

搭配選用的花器，是以往俄羅斯用來裝牛奶的水壺。

MAR
6

鶯神樂

據說是綻放於樹鶯鳴啼的季節，因此日文漢字寫作「鶯神樂」。像小喇叭一樣的淡粉色花苞，以及纖細的枝莖，模樣實在可愛。剪下一枝花，小心翼翼地插養在玻璃杯中。

MAR

7

炸香蕉

來來來！各位覺得這是什麼呢？其實這是用綠色香蕉做成的炸香蕉。就是那種外皮青綠色，吃起來生硬的香蕉。剝去外皮，裹上麵衣，放到油鍋裡炸熟。趁熱咬下一口，淡淡的甜味和紮實的果肉，讓人分不清吃的是芋頭？香蕉？咦，到底是什麼？最後再淋上果醋、楓糖漿，撒上粗鹽，滋味更是驚豔。像點心，又像料理。絕對會讓你意猶未盡，不禁一口接一口！

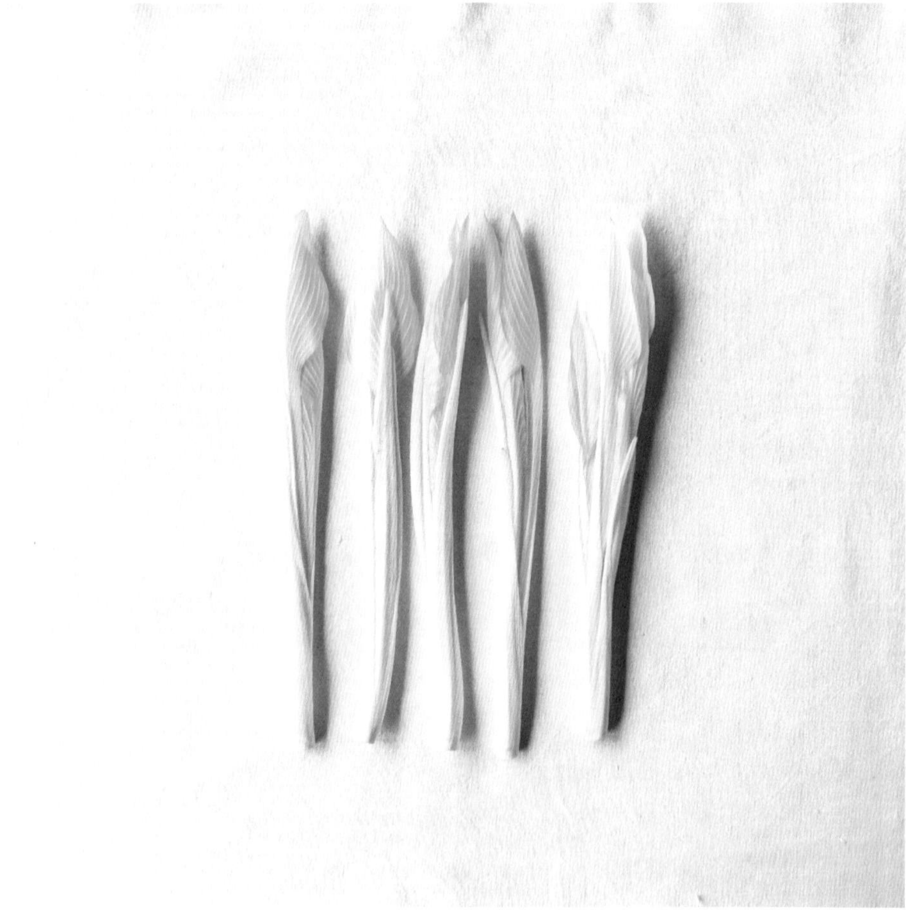

MAR

8

大葉擬寶珠

一直很喜歡春天的野菜，像是莢果蕨、大葉擬寶珠、楤木芽、漉油等，數也數不完。除了味道以外，野菜也讓人感受到好不容易從寒冬盼到大地回暖的開心。這股季節感，是最吸引我的一點。有些野菜處理起來比較費工夫，但是大葉擬寶珠完全不需要任何事前準備。非常適合推薦給剛接觸野菜的人。

MAR

9

黃色陸蓮花

這個時節，雖說陽光已漸漸刺眼，但天氣還是寒暖交替不定，早晚溫差仍然很大。

在冷得不禁身子蜷縮成一團、連心情也提不起勁的日子裡，不妨在屋裡插上一盆黃色陸蓮花。不僅觀賞期長，最重要的是心情也會跟著明亮起來。

花草花圈

〈材料〉
薄荷
迷迭香
澳洲迷迭香
香科科（宿根草）
奧勒岡
洋甘菊
三色堇　2種
小白菊
紅藤蔓編成的花圈底座　直徑12公分

①將每一種材料剪成約6～7公分的長段。
②把除了洋甘菊、三色堇和小白菊以外的所有材料，順時針朝同一方向平均分散地牢牢插入花圈底座。
③最後將洋甘菊、三色堇和小白菊隨意點綴其上。

MAR
10

MAR

11

拿坡里義大利麵

偶爾會突然很想吃拿坡里義大利麵。只要用冰箱現有的材料就能做，既輕鬆又簡單。

今天冰箱裡正好有櫛瓜和義式培根等時髦的食材。另外，洋蔥也不可或缺。那就來做一盤美味不輸咖啡廳的拿坡里義大利麵吧。

番茄醬風味的義大利麵萬歲！

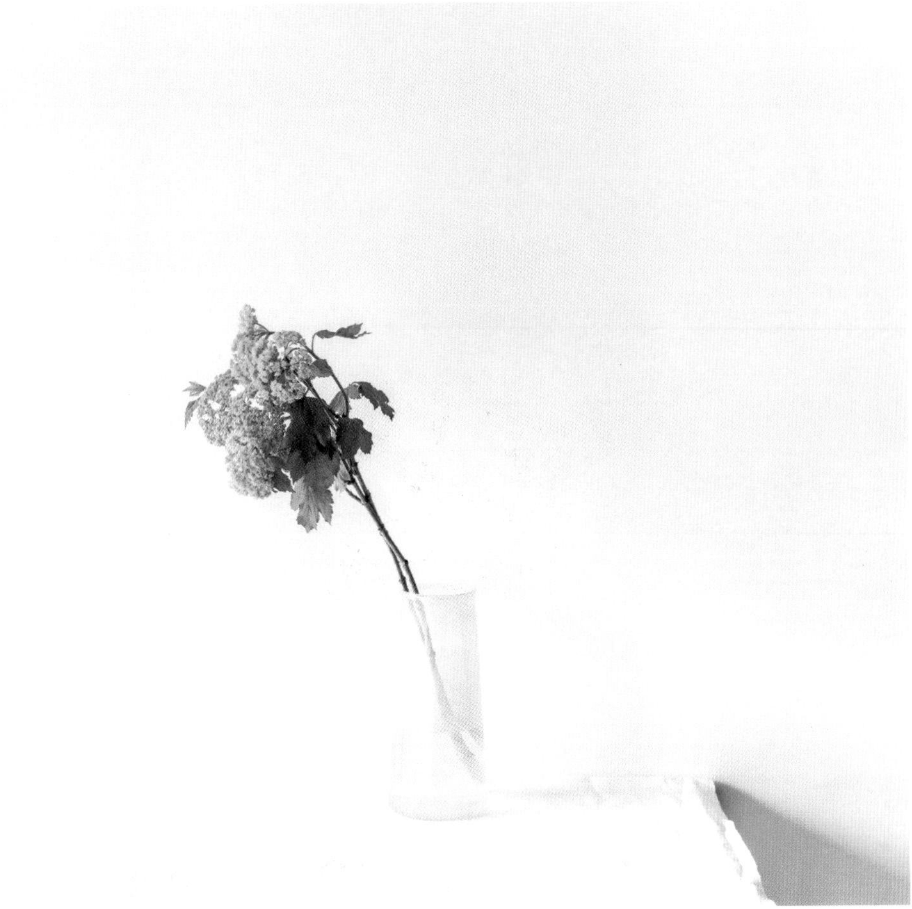

MAR

12

莢蒾

綠色的花蕾，最後會綻開出純白的花苞。

一天天看著它的轉變，感受春天愈來愈近的腳步。

MAR

13

莢果蕨藍紋乳酪沙拉

春季的下酒前菜。

〈材料・2人份〉

莢果蕨　10株

藍紋乳酪　20公克

橄欖油　適量

①莢果蕨仔細清洗乾淨，稍微汆燙後瀝乾水分。

②將夾果蕨放在盤子上，隨意撒上藍紋乳酪，並淋上橄欖油。

MAR

14

花卉珠寶盒

就像擷取庭院風景般，將早春綻放的各種鮮花，裝入盒中欣賞。三色堇、白玉草、香科科，還有會散發芳香的香葉天竺葵和迷迭香，以及百里香花。

盒子內先鋪一層玻璃紙，放入吸飽水的吸水海綿，最後將修剪成短枝的花插在海綿上。

MAR

15

草莓冰淇淋

〈材料・方便製作的份量〉

草莓　12顆

檸檬汁　1大匙

奶油乳酪　100公克

優格　50毫升

蜂蜜　4大匙

鮮奶油　100毫升

①切除草莓蒂頭，以刀背等工具剁碎。

②在回溫軟化的奶油乳酪裡加入優格拌勻，再加入鮮奶油攪拌均勻。接著依序加入蜂蜜、草莓、檸檬汁充分拌勻。

③倒入平底盤中，放置冷凍庫凝固。冷凍過程中取出以食物調理機攪拌1～2次。

MAR

16

缽碗與芥菜

平時用大木碗簡單盛裝沙拉時，總是覺得器皿的力量實在令人讚嘆。只是簡單的沙拉，卻能在器皿的襯托下變得豐盛。

今天的沙拉就連同芥菜花一起上桌吧。等待出場的模樣真是可愛極了。

MAR

17

櫻桃蘿蔔與奶油

在巴黎的餐酒館看到一整盤滿滿的櫻桃蘿蔔和一大塊奶油時，簡直驚愕得說不出話來。難不成巴黎人都是這樣吃嗎？這麼簡單的東西，怎麼會出現在餐廳的菜單上呢？內心不禁頻頻讚嘆，原來只要食材本身好吃，就不需要多餘的搭配。那極簡滋味帶來的感動，至今仍印象深刻。

櫻桃蘿蔔搭配絕對美味的奶油，再加少許粗鹽。這樣的組合，果然有其絕妙之處。

MAR 18

蛋花湯

〈材料．２人份〉

蛋　１顆

柴魚高湯　４００毫升

鹽　適量

酒、薄口醬油　各１小匙

太白粉　１大匙

①熬煮濃縮的柴魚高湯，放至微溫後加入鹽、酒和薄口醬油調整味道。

②太白粉以兩倍的水攪拌溶解，加入高湯中勾芡，煮沸後將打勻的蛋液倒入高湯中。等待蛋液膨脹成蛋花便可熄火。

MAR
19

天竺葵

一般人對天竺葵的印象大多是帶有香氣的香草，事實上，玫瑰天竺葵和檸檬天竺葵的花，也是經常被拿來點綴在料理和甜點上的食用花。

不僅外觀可愛、香氣迷人，而且還能食用，可說是具備一切條件的完美之花。

MAR

20

蜜漬紫羅蘭與咖啡

長大之後開始喝起了咖啡。今天搭配的是以蜂蜜浸漬的紫羅蘭。淡雅的甘甜與香氣，彷彿喚醒過去少女時代的心情。

MAR
21

紅色陸蓮花

已經是好久以前的事了。旅行途中到了一家咖啡店，店裡的桌子鋪著潔白的桌布，上頭擺著一枝紅色的插花。那姿態實在讓人印象深刻，無法忘懷。

MAR
22

紫色藍盆花和綠色油瓶

透明的綠色橄欖油瓶，搭配這種紫色十分相襯。像這樣如直覺般想到的色彩感，是插花時非常重要的一點。

MAR

23

野花花束

早春時節，在路邊和郊外只要稍微留意腳邊，就會發現可愛的花草正綻放著小巧的花朵。用這種隨手摘下路邊小花帶回家的感覺，作為花束呈現的印象。

〈材料〉
天竺葵、狐尾車軸草
薰衣草、矢車菊
洋甘菊、忍冬

將手握部分以下的葉子全部摘除。先抓住枝莖較硬挺的天竺葵和狐尾車軸草，然後依序是較纖細的薰衣草、矢車菊和洋甘菊。將花束直立，調整花的位置使高度朝自己的方向呈現由高至低的層次。
最後插入忍冬添增生動感。

MAR

24

乳脂鬆糕

今天是朋友的生日。在玻璃杯中放入莓果醬和蜂蜜蛋糕，接著填滿約六分發的滑順鮮奶油後，放入冰箱冷藏。最後只要插上蠟燭就能慶祝了。

MAR

25

乳酪與油菜

春天是各種油菜的季節。光是聽到油菜兩個字，就不禁露出滿足的微笑。

簡單地淋上大量的橄欖油，蓋上鍋蓋油燜，就能突顯油菜鮮嫩中帶著微苦的滋味。我喜歡用這種油燜的方式來料理油菜，而且永遠也吃不膩。也很適合搭配布里（Brie）之類的白黴乳酪。

只要餐桌上有這麼一盤，就會很開心。

MAR 26

編笠百合與油瓶

中國自七百多年前，就將編笠百合當成藥材來栽種。一開始傳到日本時，據說也是作為藥用，而非觀賞。

帶著些許的敬意，取一枝編笠百合，插在老舊的油瓶裡。

MAR

27

聖誕玫瑰壁飾

「swag」在德文中指的是壁面裝飾的總稱。

我經常用插過的花來製作壁飾，延續插花的樂趣。

基於季節和氣候的緣故，並非每一種花都能完好地製成乾燥花。

不過，既然已經結束鮮花的觀賞作用，心想，如果可以順便做成乾燥花當成壁飾那就太好了！

所以呢，現在正以這束聖誕玫瑰來做實驗。

薄荷奶油拌甜豆

水煮甜豆最重要的是嚴守時間。以沸水煮兩分鐘，這點一定要遵守。撈起後直接均勻攤開冷卻，不必泡冷水。

接著剝開豆莢，就會露出渾圓的豆子。

剝開豆莢不只外觀比較好看，也更容易入味、更好吃。迅速將所有豆莢剝開後，趁熱放入奶油使其融化，撒上美味的粗鹽，以及撕碎的胡椒薄荷葉。

豆莢和豆子裹上薄荷和奶油，滋味輕柔，卻讓人印象深刻。

MAR

28

MAR

29

經過妝點的牛排

想煎好牛排，就必須先跟牛肉建立良好關係。看似簡單，實則困難。這或許是簡單事物的永恆真理。那就加油吧！

今天的牛排煎得很完美，既然如此，就用五顏六色的食用花來點裝飾吧。

MAR

30

小小的，可愛的

矢車菊
天竺葵
芥菜花
芝麻菜

香草的花，每一種都令人愛憐。

MAR

31

小黃瓜三明治

將小黃瓜和鹽漬櫻花拌勻，擺在抹了酸奶的切邊土司上，再撒上香甜的蒔蘿就完成了。把三明治放進野餐籃，出門賞花去吧。

APRIL

玻璃杯與香草

排好五只玻璃杯，分別插上一枝香草鮮花。

如果是好幾種花插在同一個器皿中，可能需要稍微調整呈現的姿態。像這樣一個器皿插一枝花，就簡單多了。

APR

1

APR
2

唐棣的白色花朵

我家最具代表性的樹，就屬唐棣了。這是當初開始接觸園藝時種下的第一棵樹，每年固定會在吉野櫻飄落的時節，開始綻放白色的花苞。

讓人感受到，自己就生活在大自然不變的法則中。

APR

3

椰棗

第一次知道椰棗的美味，是自以色列帶回來的伴手禮。我從沒吃過那麼好吃的椰棗，軟黏綿密的口感中帶著香甜，滋味醇厚。從那之後，我徹底被以色列椰棗所擄獲。

用美味的以色列椰棗，挾著烤得酥脆的核桃和香濃的奶油，就是用來搭配中國茶或台灣茶最好的點心。

櫻花與和菓子

每到櫻花季節，就會想吃點口味清淡的和菓子。白豆以薄糖浸煮後，一顆顆包在紅豆泥裡，緊緊地束成茶巾絞*。帶著賞花般的心情，享受品茶的時光。

編按 源於日本茶道的茶巾（刷茶的程序中用來擦拭茶碗的布巾）。將包裹好的內餡搓成圓，置於茶巾中央，輕擰絞茶巾後打開，就會形成小山丘的模樣。

APR

4

APR

5

白蒜花

彎彎曲曲的枝莖。不必太直也沒關係，花也好，人也好，最重要的是討喜！

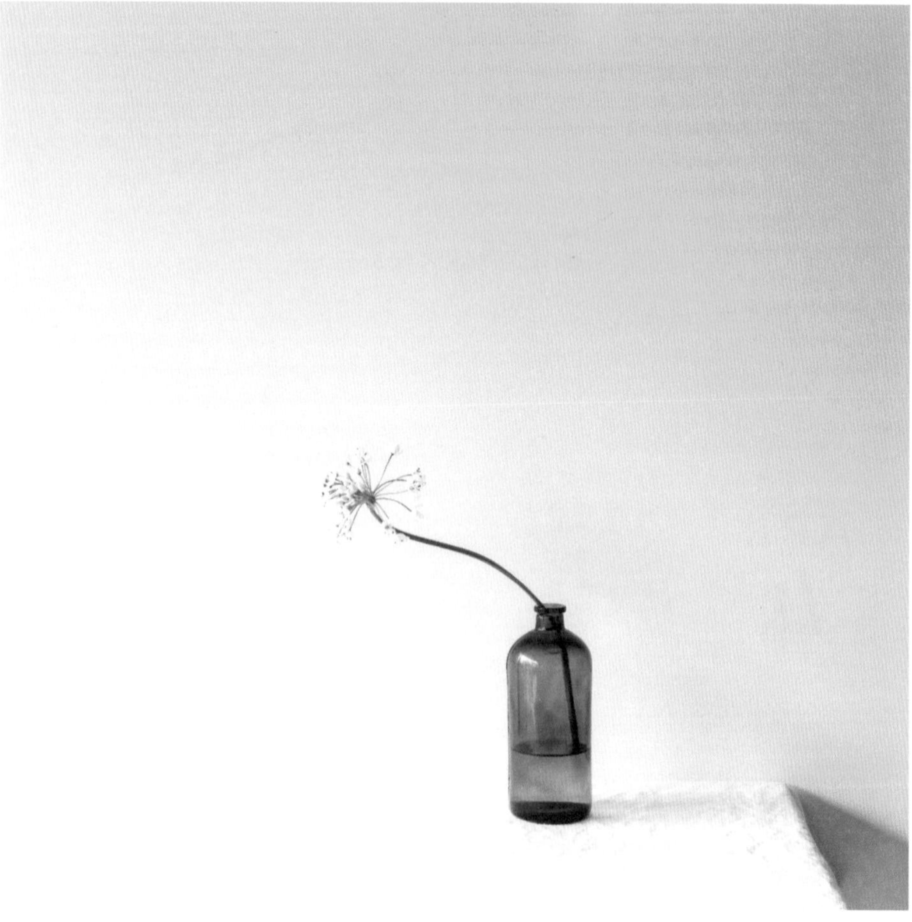

APR 6

櫻花

櫻花飄落的時節就快到了。花瓶裡的櫻花枝，已經開始冒出嫩綠的葉子。

隨著年歲增長，比起櫻花飄落，覺得眼前這花季尾聲的景色，才更美呀……

APR

7

蕪菁慕斯

春天的蕪菁纖維少，味道溫和不嗆。只要和雞湯、鮮奶油、牛奶混合，就可以做出口感滑順的慕斯。最後再用白乳酪（Fromage Blanc）和洋甘菊點綴。即完成了帶著春天氣息又迷人的慕斯。

APR

8

四葉酢醬草

發現四葉酢醬草的人，將會有幸福降臨。

據說這四片葉子，分別代表著希望、誠實、愛情和幸運。

APR

9

春捲

用春天的食材──蘆筍來做春捲。一根直接捲成一捲！除了蘆筍之外，撒些小魚乾，可以增加鮮味和鹹度，提升味道的層次。捲的重點是稍微露出蘆筍的穗尖。記得炸好要趁熱吃唷。

紅菽草花圈

兩手分別取一枝紅菽草，以其中一枝為軸心，再將第二枝順著它纏繞。

接著一次取一枝花，邊纏繞邊將花萼固定到適當的長度，再將兩端互相交疊，以枝莖打結，做成花圈。最後將凸出的多餘枝莖插入花圈中。

APR
10

APR 11

手工雞蛋義大利麵

基本作法十分簡單。在高筋麵粉中加入雞蛋，揉成麵糰後進行發酵。接著將麵糰擀成薄片，然後切成喜歡的形狀就行了。煮麵時間也只需要一下下。

一般人通常只選擇市售的麵條，但喜歡義大利麵的人，一定要挑戰自己動手做義大利麵。絕對會被這簡單又好吃的魅力所感動！

APR
12

杜鵑花

將在花市看到這白色杜鵑花時的「純潔」印象，忠實地表現在插花上。

水量約為花器的三分之一，看起來視覺比例最舒服。

APR 13

白蘆筍沙拉

將白蘆筍和削下的外皮與檸檬汁一起氽燙。混合優格、法式芥末醬、檸檬皮和粗鹽調成醬汁。在剛燙好、熱騰騰的白蘆筍上，豪邁地淋上醬汁，撒點現磨的檸檬皮。好，快趁熱品嚐吧！

APR
14

芥末醬罐和黃色小花

白色陶罐溫柔襯地托著春天的小花，裡頭插的是芥花黃的金露梅和斗篷草，及純白色的竹夾桃。展現出從院子裡一把摘下時的自然姿態。

APR
15

蘭姆葡萄冰淇淋

將蘭姆葡萄加入磅蛋糕裡，可以使蛋糕口感變得濕潤，放愈久愈好吃。或者，也可以拌著甜香濃郁的香草冰淇淋一起吃。懂得品嘗蘭姆葡萄的美味，是長大後很久以後的事了。

APR 16

鬱金香

想送花時，不妨選擇鬱金香。因為它是那麼地惹人愛憐，而且每個人都知道，品種和顏色也非常多。

加上鬱金香是球根花卉，就算枯萎了，只要加點水，馬上就能恢復生氣。對於不擅照顧花的人來說也非常方便。

APR 17

藍莓

藍莓細長的枝莖上，長出如氣球般圓滾滾的黃綠色花萼，上頭托捧著綻放的白色小花。為了襯托這纖細的姿態，挑選了淡藍色的玻璃瓶。

花飾愈簡單，對器皿的背景就會愈講究。順帶一提，這只玻璃瓶是十八世紀的法國作為樽釀葡萄酒的試酒瓶。

APR 18

豌豆濃湯

鍋子裡放入15公克奶油加熱融化後，放入半顆洋蔥絲慢火拌炒，再加入淨重160公克的豌豆稍微拌勻。

接著加入兩、三根百里香和鹽，蓋上鍋蓋，以小火燜煮3分鐘。掀蓋後，加入熱水320毫升，待沸騰後以鹽調整味道，最後倒入食物調理機拌勻即大功告成。

這道滋味新鮮的濃湯，只在春天的短暫時刻才品嘗得到。

APR

19

香草花

說到香草花的迷人之處，意外地很多人都不知道香草其實會開花，這讓我十分驚訝。既然是植物，自然會開花，結生果實和種子，延續生命。

香草原是生長於歐洲平原的花草。它柔和的色彩，就像平時路邊常見的野草一樣，融入在你我生活中。

櫻桃鼠尾草
風輪草
檸檬玫瑰天竺葵
墨西哥鼠尾草
香葉天竺葵
金斯利夫人天竺葵（Mrs. Kingsley）
百里香
橡葉天竺葵

APR 20

香草茶與藍盆花

說到義大利的聖塔瑪莉亞諾維拉香水（Santa Maria Novella），最受歡迎的就是香氣迷人的撲撲莉（Pot-Pourri）了。其實它的香草茶也很棒，無論茶葉的顏色、茶湯的色澤、茶香等，都讓人迷戀不已。

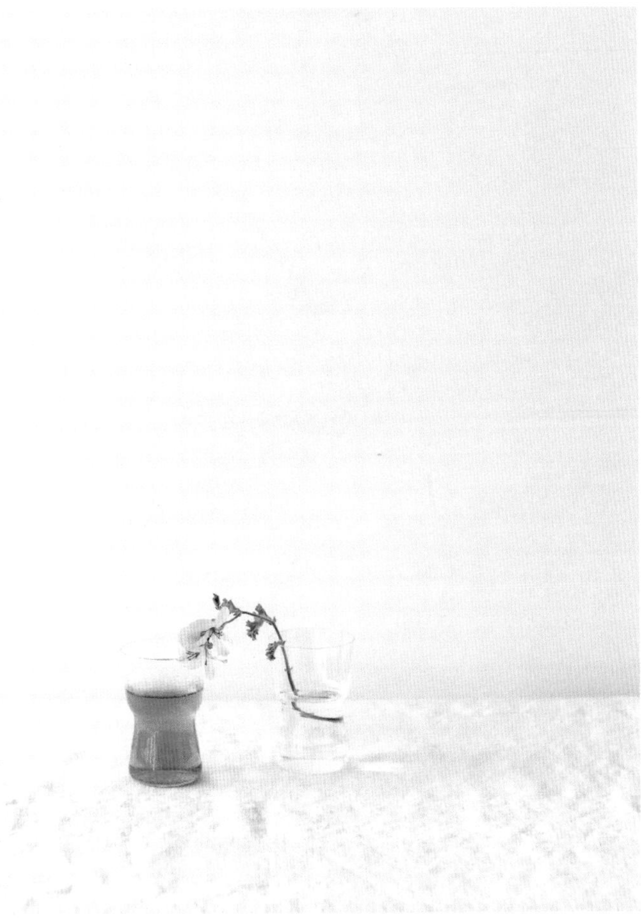

APR
21

棣棠花

用在芬蘭市集找到的、帶有柔和藍色花紋的器皿，搭配黃色的棣棠花。對比色的搭配，更能互相凸顯。

APR

22

豬肉抹醬

①將梅花豬（塊狀，750公克）切成5公分丁狀，撒上粗鹽和黑胡椒，靜置約半小時。

②洋蔥（大顆的半顆）橫切成薄片。大蒜泥一瓣。

③鍋裡放入橄欖油和大蒜，炒出香氣後加入洋蔥和一小撮鹽、百里香2～3根、月桂葉一片，充分拌炒至洋蔥軟化。

④平底鍋熱鍋後，放入①的豬肉煎至上色，再放入③的鍋子中。加入100毫升的白酒及400毫升的水，大火煮15分鐘。過程中將浮泡撈除。

⑤蓋上鍋蓋，以小火煮至豬肉軟嫩，幾乎完全收汁為止。

⑥將豬肉取出，用食物調理機攪拌至滑順泥狀。

⑦將打好的豬肉泥隔冰冷卻，充分拌勻即可。

APR

23

陸蓮花束

有著柔和淡粉色漸層的花束。作法很簡單，抓直枝莖，將陸蓮花調整出高低層次就行了。

APR

24

蒔蘿梭子魚飯糰

在白米裡加入昆布和梅乾一起炊煮。取下烤過的梭子魚乾肉，拌入剛煮好的白飯裡。

雙手沾鹽，把飯捏成圓柱狀，放在切碎的蒔蘿上沾裹。完成一道既日式、又西式的創意飯糰。

APR

25

巴薩米克醋燒春季洋蔥

將春天剛採收的洋蔥，和巴薩米克醋一起放入鍋中，蓋上鍋蓋小火燜煮。

只要這樣就行了嗎？別驚訝。鍋子裡最後將呈現多層次的風味。濃稠甘甜的巴薩米克醋，就是美味的關鍵。

APR
26

一枝陸蓮花

陸蓮花清透的花瓣層層疊疊的姿態，實在美麗。

各種薄荷

查了才知道，薄荷品種竟然多達三千五百多種……交配力實在太驚人了！

葡萄柚薄荷
檸檬薄荷
綠薄荷
皺葉薄荷
山薄荷

APR
27

APR

28

麻葉繡線菊
棣棠花
紫丁香
冠蕊木

枝頭上一旦開始冒出一顆顆圓滾飽滿的花蕾，馬上就會開花了。那齊花盛開的景象十分震撼，隨著鮮嫩綠葉長出，季節也一步步邁入初夏。

雖然依依不捨，但春天每一年總是快步離去。

APR

29

炸雞排

今天不炸牛排，也不炸豬排，而是炸雞排。雞胸肉以油炸方式料理，吃起來就不會過於乾澀，非常好吃。

將麵包粉磨得細一點，更容易包覆雞肉，吃起來就不會感覺麵衣和皮肉分離，大家不妨試試。將薄荷直接下鍋油炸，清爽的香氣也更加提升。

APR
30

白色花朵

同樣是白色，每一種白卻各有韻味。蛋殼白、卡布奇諾上的奶泡白、白雪紛落的白、蕾絲手帕的白……我就是喜歡將各種白色的花插在一起。

仔細一看才發現，唐棣、玫瑰、繡球花、棣棠花……院子裡也在不知不覺間開滿了各種白色的花。

MAY

MAY

1

鈴蘭

都快忘了是多久前在院子裡種下的，但每一年，這可愛的孩子總會從茶樹的根部冒出身影來。白色小花隱身在葉子中綻放，香氣卻十分迷人，與玫瑰和茉莉並列為世界三大香氣花卉。別名為「君影草」。

MAY

2

木香花

每當鄰近的黃色木香花開始綻放時，差不多就是玫瑰的季節了。木香花屬於蔓性玫瑰，攀爬在整面牆上，開滿嬌小迷人的花朵，數量多到驚人。

木香花的花語是「純潔」、「初戀」，以及「適合你的人」。據說這是因為蔓性植物總是依偎著其他東西生長。

MAY 3

蠶豆

每到這個時節，就覺得蠶豆真是充滿季節感的好食材。近年來食材的產季變得愈來愈模糊，冬天也吃得到毛豆和苦瓜，原本屬於春天水果的草莓，也在冬天盛產上市，感覺有些可惜。

倒是蠶豆，只會在這個時節突然出現，沒多久又消失不見。讓人殷殷期盼，就怕錯失了它短暫的瞬間。

MAY

4

乾燥果乾與香草茶

收到了國外帶回來的伴手禮——乾燥果乾和香草茶。憑著顏色隨意搭配，組合出香氣和滋味獨一無二的香草茶。

偶爾品嘗自創的混搭也不錯。

MAY

5

隨性插花

雖然這麼說有點奇怪，我想試試用非專業的方式來插水仙……希望呈現一大把、隨性的感覺。不想讓水壺留下任何一點空隙，於是另外用了琉璃苣來點綴。

MAY
6

玉米筍

每次看到新鮮玉米筍，就忍不住想買。玉米筍看起來就像玉米寶寶，比起「young corn」的說法，「baby corn」或許更貼切。

保留外面幾層薄皮和玉米鬚一起燜烤，鮮味被緊緊鎖住，吃起來十分鮮甜。薄皮和玉米鬚也帶有玉米風味，而且很好嚼，可以一起吃下肚。

MAY

7

咖哩草

一直以為咖哩的氣味是各種香料的混合，但咖哩草聞起來，還真的就是咖哩的味道。植物的香氣真是不可思議。

MAY

8

瑞士甜菜

瑞士甜菜的莖部呈黃色或紅色等鮮豔色彩。雖然外表看起來好像很苦，但吃起來卻是帶酸，而且不得不說，真的還挺酸的。非常有趣。

MAY

9

綠冰玫瑰

經過疏蕾（分枝）的迷你玫瑰，一枝可以開出許多花苞，只要用三枝，就能營造出華麗的氛圍，有種賺到的感覺。

綠冰這種品種的玫瑰，花蕾期帶著淡淡的粉紅，開花後會變成全白。接下來隨著花苞愈開，顏色漸漸轉為綠色，花瓣的色彩變化十分美麗。

MAY

10

金合歡花圈

〈材料〉

金合歡

圓葉尤加利（加寧桉）

外毛百脈根（Lotus hirsutus）

咖哩草

紅藤蔓編成的花圈底座　直徑13公分

①每一種花材剪成約7公分長。

②將金合歡沿著相同方向，一枝一枝插在花圈底座上。

③以點綴的方式隨意插入圓葉尤加利、外毛百脈根、咖哩草。

MAY

11

冷烏龍麵

面對初夏的炙熱，中午該吃點什麼好呢？
稻庭烏龍麵吃起來滑溜順口，既然是夏天，就做成冷麵吧。以清淡的調味凸顯高湯，加上酸橘，使口味更清爽。
最後再擺上幾朵芝麻菜的花，品嘗這初夏的滋味。

MAY

12

芍藥

法國人將這美麗的花比作玫瑰，
稱為「聖母的玫瑰」。

MAY

13

蠶豆沙拉

蠶豆和奶油是非常好的搭配。食材中有所謂最好的風味組合，尋找這種配對組合，也是料理的樂趣之一。

新鮮的蠶豆連薄皮也能一起吃下肚。撒點香菜花，品嘗這時節特有的滋味。

MAY 14

藍盆花
大星芹
香菜

柔和的粉色系，可以透過銀彩器皿的搭配，營造出成熟的氛圍。挑選花材的基本方法，最簡單的是搭配三種花卉。不但可以做出三角形插法，透過三種花卉的混搭，也能展現立體的表情。以藍盆花為主角，再以大星芹，及帶著點點花蕾的香菜葉襯托。

MAY

15

文旦冰淇淋

用過季催熟的文旦，做了清淡爽口又多汁的冰淇淋。

有時候會想延長過季水果的品嘗期，這種時候有一種方法就是透過加熱等加工處理。

當季的時候可以直接吃，若想延長品嘗期，只要加點工夫就能享受更久。

MAY 16

香草植物與深呼吸

若想透過香草植物的芳香獲得放鬆，可以利用精油。但我喜歡將食用香草倒在玻璃杯中，享受它的香氣。

當生活忙到想停下來好好深呼吸時，我經常會這麼做。先在廚房享受完香氣之後，再慢慢沖入熱水，回到客廳短暫放鬆，不急不徐地，品嘗手中的香草茶。

MAY

17

酒杯與黃玫瑰

每天簡單的快樂，就從為屋子插上一枝花開始。

MAY

18

番茄湯

到了番茄變好吃的季節了。取兩顆番茄、150毫升的柴魚高湯加一顆去籽梅乾，放入食物調理機打勻，就是一道酸得恰到好處、口味清爽的初夏湯品。

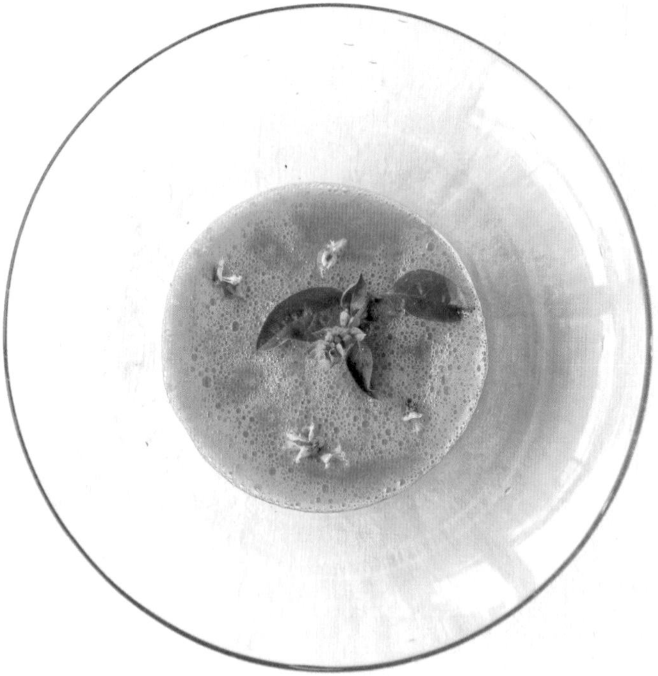

MAY

19

院子裡的花

開心的日子也好，難過的日子也罷，我都會到院子摘花來裝飾。花一直都是我心靈上的依靠。

MAY

20

早晨的調和茶

下雨的日子、放晴的日子、有一大堆工作非做不可的日子、開心雀躍的日子，生活每天都不盡相同。我會配合當天的心情，沖上一大杯紅茶，度過早晨的時光。我非常珍惜這種每天自然而然的習慣。

MAY

21

鬱金香果實

猜猜這是什麼？

看起來有點像花蕾……

其實這是鬱金香開完花後，結成果實的樣子。

插起來欣賞完之後，就能直接做成乾燥花。

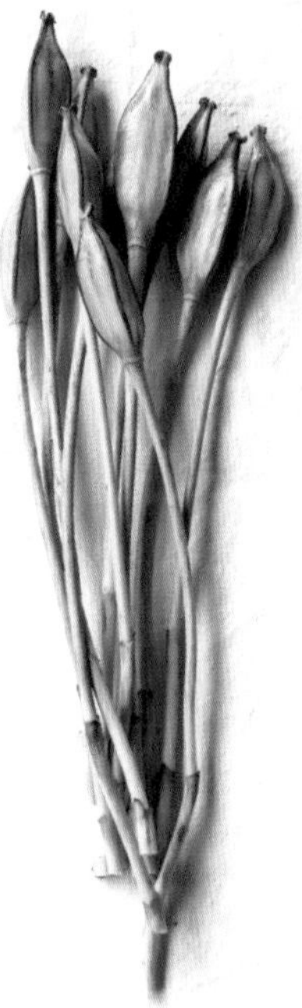

MAY
22

銀製餐具

銀製餐具入口的觸感滑順，使用起來也十分順手。搭配蕾絲餐巾和一朵花，也適合作為餐桌上的妝點。

MAY
23

帶有空氣感的花束

以淡粉色的花搭配銀綠色的葉子，展現某種懷舊的氛圍。

將紫丁香和蕾絲花的花莖順直後平放於掌中，稍微分散開來，擺上兩種不同的玫瑰，然後放上銀葉菊，最後再將兩種玫瑰分別擺在最前方，綁成花束。

輕輕地整理，讓花束像是包覆著柔和空氣的樣子。

亞伯拉罕達比玫瑰（Abraham Darby）
古董蕾絲玫瑰（Antique Lace）
紫丁香
蕾絲花
銀葉菊

MAY

24

香草沙拉的擺盤

盛裝沙拉時，不覺間心情就像在插花一樣。

琉璃苣
茴香
洋甘菊
羅勒
天竺葵

MAY

25

白色紫丁香與白色水壺

和花的相遇，每回都是僅有一次的機會。沒錯，眼前這白色的紫丁香，也不會出現第二次。我喜歡每一次都能帶著嶄新的心情去面對。用雀躍的心情面對新的事物，這是花教會我的道理。

MAY

26

濃縮咖啡杯中的一枝花

想著有沒有稍微有趣一點的插花方式，於是將濃縮咖啡杯綑上兩圈繩子，在正中間交叉，作為固定花的地方。

接著插上一枝藍盆花。

輕盈的生乳酪蛋糕

不同於一般用奶油乳酪做成的扎實口感，改成以酸奶和優格為基底，做了清爽的生乳酪蛋糕。再擺上香草添增清爽感。

酸奶　180公克
優格　200公克
鮮奶油　100公克
全麥餅乾　60公克
奶油　40公克
吉利丁　9公克
細砂糖　80公克
檸檬汁　15毫升

MAY
27

MAY

28

玫瑰、玫瑰、玫瑰

在花店，一口氣將自己喜歡的同款玫瑰花全部買下，是一種有點奢侈的感覺。因為在家想用比較輕鬆的心情來插花，索性放棄花瓶，改用較大的茶壺作為花器。

墨西哥夾餅

天氣熱時，總會想吃道地的墨西哥夾餅。

〈材料〉

豬絞肉　300公克
大蒜　¼瓣
粗鹽　適量
艾斯佩雷辣椒粉　1大匙
橄欖油　1大匙
紫洋蔥　⅙顆
酪梨　1顆
茅屋乳酪　適量
萊姆　適量
聖羅勒（打抛葉）適量
墨西哥薄餅　4～5片

①平底鍋裡放入橄欖油和蒜末爆香，再加入豬絞肉拌炒。以巴斯克地區的艾斯佩雷辣椒粉和粗鹽調味。

②將紫洋蔥切成薄絲後泡鹽水去除嗆辣。

③另取一支平底鍋，將墨西哥薄餅煎至兩面上色。

④將①和②，以及剁碎的酪梨和茅屋乳酪放上薄餅，最後加上聖羅勒和萊姆。

MAY
29

MAY

30

尤加利花束

這束清新的綠葉花束，混搭了多種不同品種的尤加利葉，展現出每種葉子不同的表情。

心形葉片的多花桉葉個頭大，十分搶眼，搭配圓葉桉達到視覺上的協調；加寧桉小小的葉子隨風搖擺，十分可愛。

綁帶則選用了亞麻布。

MAY
31

豆沙土司

豆沙土司配上一大塊冰涼的奶油。大家喜歡紅豆泥？還是保留顆粒的紅豆餡呢？

JUNE

JUN

1

繡球花捎來的消息

繡球花終於開始染上顏色。表示雨季就快到了。

JUN
2

冰茶

只要嘗過純泡茶的美味，大熱天裡絕對只會鍾情這一味。茶葉不是哪一種都行，必須找到適合純泡，而且香氣足的才行。擺上冰塊和食用花或香草植物的花，還能變身為迎賓茶呢。

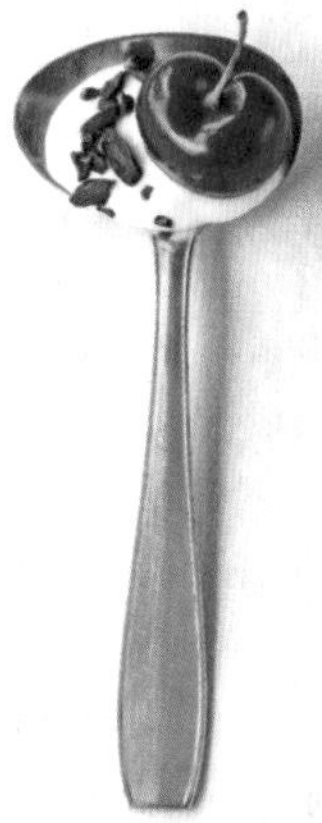

JUN

3

一湯匙的幸福

賓櫻桃、白乳酪、可可豆。
只要小小一匙，就能享受到幸福的味道。

JUN

4

白腰豆泥

一般都用鷹嘴豆來做白豆泥，今天改用白腰豆來做做看。

需要的材料有水煮過的白腰豆、白芝麻醬、鹽、少許大蒜和小茴香粉，以及檸檬汁。

最重要的是，必須將豆子煮到軟爛。加點新鮮的香菜籽提味。

JUN

5

山繡球花

曾出現在《萬葉集》中的山繡球花，自古以來受人愛戴，是日本原生種的繡球花。傳到歐洲後經過品種改良，成為帶有華麗氛圍的花卉。

原生於日本山林和溪谷間的山繡球花，花苞嬌小可愛，充滿自然風情的姿態十分惹人憐愛。

JUN

6

水邊景色

每下過雨，植物就會「使勁兒」地快速生長。這個時節氣溫逐漸回升，空氣中挾帶著濕氣。雖然身體還沒習慣，但對植物來說，是最重要的季節。

這時不妨在屋子裡擺些有清涼感的花飾。取兩只玻璃器皿並排，裡頭添點水，將鐵線蓮的藤蔓和玉簪葉等橫擺在器皿邊緣。

最後再放進一些冰塊，就是帶有涼爽氛圍的花飾。

JUN

7

粗鹽與香草

將新鮮的馬鬱蘭、鼠尾草、羅勒、百里香、巴西利等香草植物的葉子切成粗末，摘點花穗，與粗鹽混合。

可以加在沙拉、烤魚、牛排、熱騰騰剛燙好的馬鈴薯，或是水煮蛋上，用途非常多。

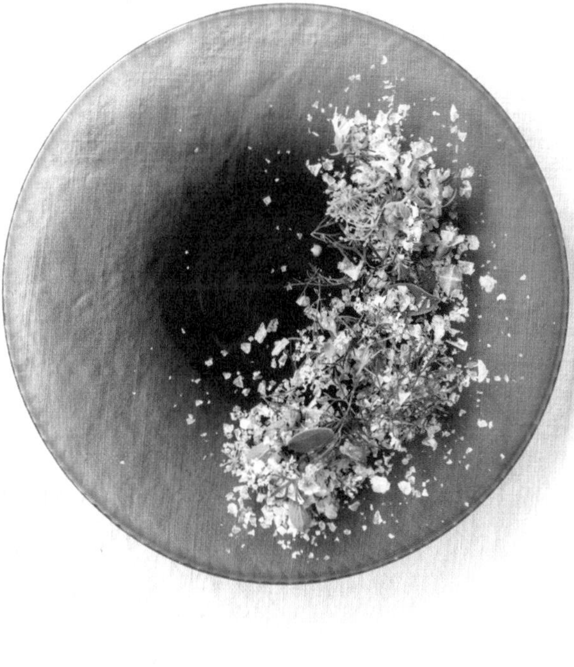

JUN

8

蕨葉

雨季，綠葉的美總是讓人驚豔。

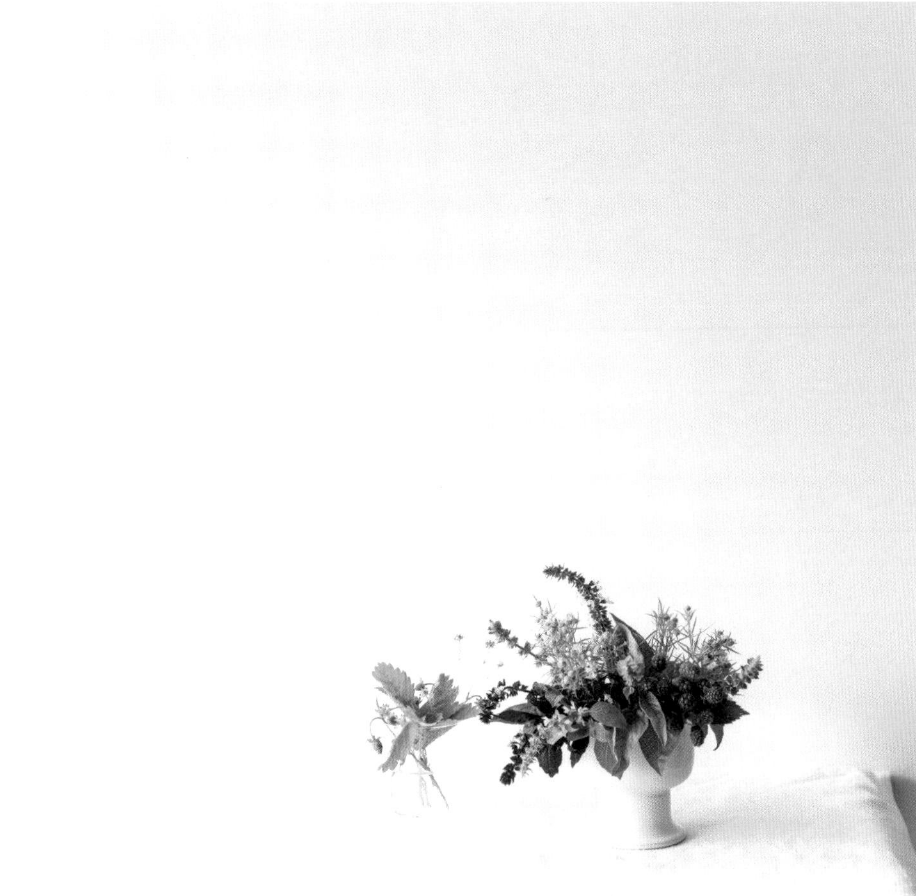

JUN 9

廚房裡的香草植物

這個季節，若感覺屋子裡總是有股霉臭味，可以在廚房裡擺上香草植物，或是果實尚綠的植栽，使空中飄散著清新淡雅的香氣。

甜羅勒
紫羅勒
野草莓
黑莓

黃櫨花圈

〈材料〉
黃櫨（煙霧樹）
繡球花
銀艾
紅藤蔓編成的花圈底座　直徑13公分
園藝鐵絲　咖啡色#28

①順著黃櫨的每個枝莖剪成小枝。每3～4枝為一小把，抓緊下方以鐵絲捆成一小束。鐵絲兩端保留約10公分的長度。
②將鐵絲兩端分別穿過花圈底座的兩處縫隙，在底座後方扭緊。
③圈成一圈之後，將黃櫨葉、繡球花和銀艾分別插入底座縫隙作為點綴就完成了。

JUN
10

箱壽司

散壽司的食材就自由搭配吧，羅勒等香草也很適合搭醋飯。壽司醋選用酸嗆味較不明顯的米醋，另外以醋橘增添清爽口感。今天食材的主角是干貝，可以吃到滿口的新鮮滋味。

JUN

11

JUN

12

開味小點

用棍子麵包搭配自製梅子果醬，以及佩科里諾乳酪（Pecorino）。法國人習慣用名叫布里亞薩瓦蘭（Brillat-Savarin）的乳酪，和木梨熬煮的法式軟糖一起做成開味小點。這簡直是無懈可擊的搭配。我無意仿效，但是想試試看用六月時做的梅子果醬來搭配適合的乳酪。

JUN 13

李子沙拉

李子、「SORUDAMU」*，與櫻桃一同並稱為六月的寶石。用酸中帶甜的李子做成沙拉，再撒些香草鹽作為前菜，為初夏的餐桌增加華麗的氛圍。

譯註 一種日本李子的品種。

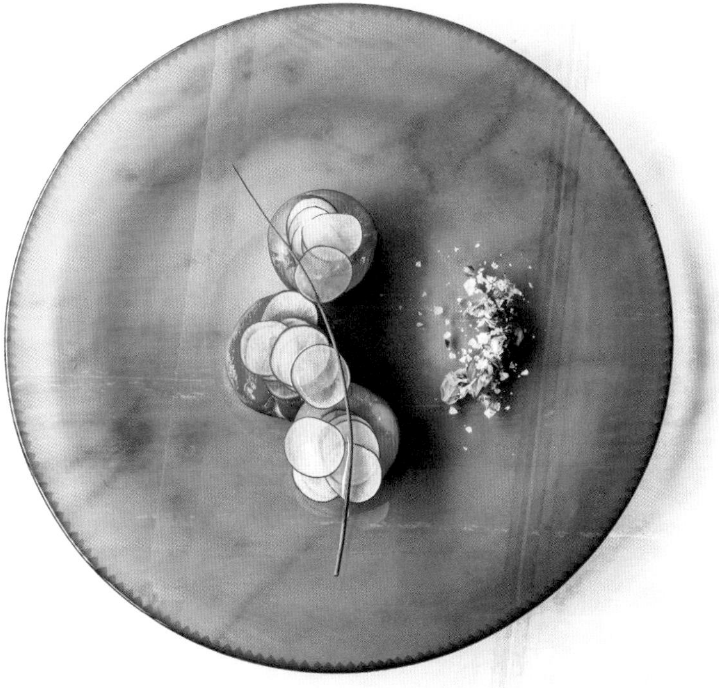

JUN

14

梅子糖漿

青梅，南高梅。配合著梅子成熟的腳步，展開六月的釀梅作業。首先是梅子糖漿。建議可以盡量減少糖的使用量，使甜度清爽不膩，比較適合炎熱的夏天。在完成的前一刻，可以再加入百里香或鼠尾草等香草，就能做出加倍清爽的糖漿。

JUN

15

霜淇淋

說到霜淇淋，我毫無疑問的是綜合口味派。因為無論是巧克力還是香草，兩種我都想吃！但有一次，朋友說我不能這麼貪心。從那之後，就盡量克制欲望，只吃香草口味……不過偶爾還是會嘗試加點香氣獨特的香草，因為不想失去冒險的精神。

JUN

16

藍色香草花

做成花束之後才發現，全是藍色系的花。正巧呼應著外頭的陽光和色彩。

紫丁香
矢車菊
宿根鼠尾草
鼠尾草

JUN
17

橡葉繡球

剪下院子裡綻放的橡葉繡球。用來搭配的是來自高知縣的香草農園「Marufuku」的咖哩葉。

常用在印度料理中的咖哩葉，在日本尚未普遍栽種，所以用這兩種植物來搭配插花，似乎是很少見的組合？

JUN 18

雞肉馬鈴薯湯

雞肉和香辛料熬成高湯後，加入大塊的蔬菜，最後單以鹽調味成一道簡單的湯品。盛盤後撒上巴西利花。每一口都是清澈的滋味。

JUN 19

花與水

每個人都希望可以延長花的觀賞期。因此，給水就是非常重要的關鍵。除了隨時保持乾淨的水以外，水量也很重要。

事實上，每一種植物適合的水量都不一樣。像繡球花就是吃水很重的植物，即使只有一枝，也必須供給大量的水。相反的，枝莖含水量高的球根花，只需要差不多泡到根部的水量就夠了。

一開始或許會失敗，但隨著對植物的瞭解愈來愈深，自然會掌握到感覺。

JUN

20

梅子糖漿氣泡水

釀好的梅子糖漿讓人不禁想搶先品嘗。最後在上頭加上檸檬馬鞭草等香草，使清爽度更加提升。

JUN

21

李子

把握短暫的產季盡情地吃。也很適合搭配肉類料理。

JUN

22

賓櫻桃

在國外一家很棒的餐廳用餐後想來點甜點，發現菜單上竟然有道「鄰近農家產的櫻桃」。一直覺得吃完套餐之後，再吃甜膩的慕斯或水果派有些沉重，所以看到這種很棒的選擇不禁覺得感激。看到眼前送上滿滿一盤裝在白色盤子裡、還帶著葉子的櫻桃，模樣實在太可愛。從那之後，我都非常信任用當季水果作為甜點的餐廳。

JUN 23

繡球花與黃櫨花束

多雲陰暗的天空，陽光彷彿蒙上一層薄薄的面紗。這樣的天氣，適合搭配神祕、慵懶的色調。花束綁好之後倒過來吊掛，就能直接做成乾燥花。

〈材料〉
繡球花
黃櫨
鐵線蓮

將繡球花抓出高低層次和方向，中間穿插黃櫨，整理成花束。周圍以鐵線蓮的藤蔓輕輕圍繞，帶出空氣感。

JUN

24

唐棣花圈

任何植物，
圍成圓圈之後，
就是花圈了呢。

JUN

25

有趣很重要

扭來扭去的姿態太有趣了！
不只是漂亮，這也是插花很重要的一種表現。

JUN

26

朝鮮薊

在煮來吃之前，暫且先欣賞它的美吧。

JUN 27

香草餅乾

在這濕氣重的時節，更要隨時保持清爽。
多利用檸檬馬鞭草或香茅、茶樹等香氣淡雅的香草，讓午茶時光也能悠閒地伴著芳香度過。

JUN
28

羔羊肉

羔羊肉雖然也有微微的羊騷味，但是肉汁鮮甜，營養價值高，而且脂肪不易被身體吸收，是非常健康的肉類。

在這濕熱的季節，試試看用烤箱來料理吧。先將羊肉放至室溫退冰，然後以迷迭香和百里香、大蒜增添香氣就行了。

JUN

29

烤羊排

到了初夏，羔羊肉上桌的次數也跟著變多。羊肉含豐富鐵質，吃完會感覺活力充沛，是非常棒的肉類。

JUN

30

雨天色調的花飾

下雨天插的花，很自然地都是藍色和紫色。

JULY

JUL

1

疏果淘汰的蘋果

前往夏日的農夫市集。發現了疏果後被淘汰的可愛蘋果。把酸澀的蘋果做成印度甜酸醬（Chutney）似乎也不錯。還是要保留這嬌小迷人的大小，切成薄片，做成沙拉呢？

香草束則是每次逛農夫市集一定會買的戰利品。

JUL

2

蝴蝶蘭與小盼草

蝴蝶蘭原生於亞熱帶地區的東南亞。在炎熱的季節，總會想用熱帶地方的植物來插花。與散發涼爽氛圍的小盼草一起漂浮在玻璃器皿的水面上。

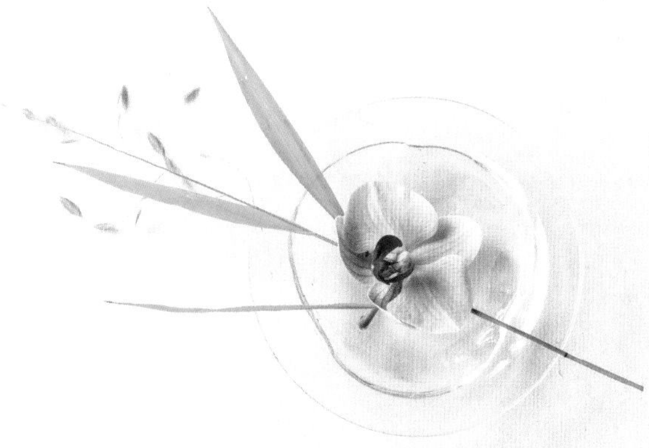

JUL

3

木通果

日本自古以來便將木通果當作食物，雖然果皮和果肉都能吃，但我一點也不愛就是了。在果實變成成熟的紫色前（成熟期約在九月），那由綠色開始漸漸轉為紫色的色調非常漂亮。

JUL

4

薰衣草花束

自從聽說中世紀的羅馬人會在屋裡掛上薰衣草花束來驅蟲之後，我總是會在玄關旁的窗邊掛上一束薰衣草。
每次打開窗，花束隨風搖擺，飄來一陣怡人的香氣。

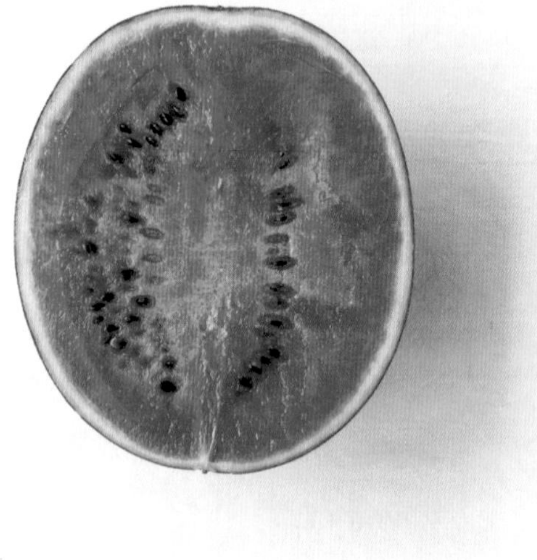

JUL

5

小玉西瓜

莫名地覺得小玉西瓜不管是模樣和名字，都可愛極了。

JUL
6

小玉西瓜沙拉

將小玉西瓜切好，擺上菲達乳酪和羅勒葉，撒點加了薰衣草的粗鹽，最後淋上橄欖油。在西瓜上撒粗鹽和粗磨辣椒粉，也是非常推薦的一種吃法。

JUL

7

薹草與白鶴芋

為了忘卻悶熱的天氣，夏天插花時，我會盡量把重點放在呈現涼爽的氛圍。

玻璃器皿裡注入水，簡單擺上一片清爽的綠葉，就是一幅畫。

配合玻璃器皿的色調，挑選的是葉片細長、線條優美的薹草，以及潔白的白鶴芋。將薹草的果實置於盤緣，上面再擺上白鶴芋。

JUL

8

聖羅勒花束

用餐巾和風箏線將聖羅勒綁成花束，送給喜歡下廚的朋友。

JUL
9

烤沙丁魚佐醋拌番茄

〈材料．4人份〉
以手片開的沙丁魚　4尾
鹽、低筋麵粉　各適量
橄欖油　適量
小番茄　16顆
萬願寺*辣椒　1根
薑　1小塊
檸檬汁　1又½大匙
巴薩米克醋　2小匙
橄欖油　2小匙
粗鹽　適量
紅細砂糖　1小匙
羅勒葉　4～5片
香菜　適量

①將小番茄對切，萬願寺辣椒切成輪狀，薑切成細末。全部放入大碗中，加入檸檬汁、巴薩米克醋、橄欖油、粗鹽、紅細糖砂後充分拌勻。
②沙丁魚撒鹽後靜置一會兒，再用餐巾紙擦乾，去除魚腥味。接著輕輕地撒上一層鹽、鋪上少許低筋麵粉。在平底鍋裡倒入橄欖油加熱，放入沙丁魚煎至酥脆焦香。
③將②盛盤，擺上拌好的①，最後加上羅勒和香菜葉。

編按　「萬願寺辣椒」指的是京都府舞鶴市內鄰近區域，由特定農家栽種的辣椒，於一九八九年獲得「京都名產品」認證。籽少肉豐、柔軟多汁，帶有些許甘甜，風味獨特。

JUL

10

菝葜花圈

〈材料〉

菝葜

錦屏藤

把錦屏藤繞成圓形，做成花圈的底座。

接著將菝葜順著底座纏繞。

JUL

11

落葵涼麵

有時會莫名地很想吃中華涼麵。我家隨時都備有好吃的油麵，今天冰箱裡也有落葵（皇宮菜）的花穗，只要再動手調點清爽的醬汁就行了。

把米醋60毫升、醬油40毫升，紅細砂糖2小匙、適量的鹽和黑胡椒、1大匙芝麻油，全部倒入有蓋的瓶子裡搖一搖，等到所有材料混合均勻，醬汁就完成了。

JUL

12

落葵花穗

落葵的花穗長滿紫色的花毬，非常可愛。平常可能不常見，只有在這個時節，才有機會一睹它的美。吃起來跟葉子和莖梗一樣，帶點黏滑的口感。

JUL

13

疏果蘋果沙拉

將疏果淘汰下來的蘋果切成薄片，整齊地排在盤子裡，以香草和果醋妝點成前菜，不錯吧？做水果沙拉時不需要過多調味，單純品嘗水果的自然酸甜，享受季節的滋味吧。

JUL
14

夏季蔬菜炸物

到了這個時節，夏天的蔬菜開始愈來愈好吃。米茄和櫛瓜根據不同的切法，烹調方式和口感也會截然不同，吃起來很不一樣。這次我選擇切成大塊，裹上黃豆粉和紅椒粉，以半煎炸的方式來處理。配上裸炸的咖哩葉，就是夏天一定要來上一盤的美味炸物。搭配啤酒或白酒，在太陽下山前就大快朵頤一番。

JUL
15

李子雪酪

趁著六月李子和「SORUDAMU」當季，做成雪酪來品嘗。

取李子和「SORUDAMU」合計350公克，切成塊後放入小鍋中，加入細砂糖175公克、水50毫升、檸檬汁5毫升，再以中火加熱。

煮到果肉軟爛呈稠狀後，熄火靜置一會兒。

放涼後裝入袋子裡，放至冷凍庫凝固。

JUL

16

香草植物

收到從高知寄來的香草植物，實在是太棒了！隨便種就能活的當季香草，只要給予水分，就能展現盎然生氣，令人著迷。

先做成花飾，擺在廚房和客廳欣賞，之後再用作料理。光是想到這些，就覺得實在是太奢侈了。

JUL

17

鈴鐺鐵線蓮

鐵線蓮有非常多品種，其中我最喜歡的是有著鈴鐺外型的「鈴鐺鐵線蓮」。

將鈴鐺鐵線蓮插在杯子裡，就像鈴鐺隨風搖曳般。

翩翩掉落的花瓣，姿態同樣惹人憐愛。就保留這樣的姿態繼續欣賞吧。

JUL
18

紅色的夏日之湯

這是一道可以享受搭配樂趣的湯品，結合了當季的紅色食材。西瓜、番茄、紫蘇梅乾，光是這三種，就充滿夏日風味。最後再用羅勒提味。

將西瓜400公克，汆燙去皮的番茄1顆，梅乾2大顆，全部一起放到食物調理機打勻就行了。是一道像果汁般的湯品。

JUL

19

梔子花

每當不知打哪兒飄來梔子花的香氣，便知道即將正式進入夏天。夏天有梔子花，春天有瑞香花，秋天則有桂花，每個季節都有各自專屬的花香。

JUL
20

西班牙水果酒

將哈密瓜、鳳梨、香草一起泡入白酒中，調製成夏日的西班牙水果酒（Sangria）。

直接做成果凍好像也不錯。

JUL

21

哈密瓜

大家會把哈密瓜瓜囊和種籽部分的汁液丟掉嗎？嗯……這樣太可惜了！這個部分的果汁可是非常香甜濃醇呢。把過濾後的果汁和薑汁混合，今天再加上百香果果汁，一起倒回挖空的哈密瓜裡。用湯匙連同果肉一起品嘗，簡直就是幸福的味道。加上粗鹽和百里香又是另一種美味。

JUL
22

百日菊與香草

說到百日菊這個名字，大家可能不太熟悉。但如果講到「百日草」，相信大家就有印象了。「百日草」名字的由來，據說是因為它可以一整個夏天不斷地開花，花期相當長。

百日菊的品種非常多，每一種開花的方式和大小各不相同。我喜歡用花苞較嬌小的「小百日菊」，搭配大量的薄荷等香味清爽的香草做成花飾。

夏日花草與乙女百合花束

取藍色和紫色、感覺涼爽的夏日花草和乙女百合各一枝，簡單綁成花束。

〈材料〉
乙女百合
鴨跖草
圓錐繡球
風鈴草
矮桃
蕨葉

首先，從莖梗挺直的花開始。將乙女百合、鴨跖草、圓錐繡球的莖枝順直後平放於掌上，接著取長枝的風鈴草和矮桃擺在上面，營造生動感，最後再放上蕨葉。

JUL
23

JUL

24

土當歸花

老實說，我也是第一次見到土當歸的花。聽農家的婆婆說，這個做成天婦羅很好吃。這世上從未見聞過的東西，還多著呢。

又是羔羊肉！

羔羊肉再次登場！今天就用羊腿來料理吧。400公克的羊腿以1小匙粗鹽、少許蒜泥，以及小茴香籽、薑黃、卡晏辣椒粉各⅓小匙，均勻塗抹醃漬。

至於成品，請繼續往下讀吧。

JUL

25

JUL

26

乙女百合

小時候曾經問過媽媽「你喜歡什麼花？」。那時候她的答案就是白合。

「知道最愛的人喜歡什麼花！」的心情，讓當時還是孩子的我開心不已。

JUL

27

漂浮花飾

盛夏時節，花器裡的水分蒸發得快，有時會讓花看起來懶洋洋的、沒有生氣，或是花苞低垂。這時，我會索性剪去枝莖，只保留花苞下的一段短枝，直接擺在盛水的容器中作為花飾。

愈是簡單的花飾，愈可以試著玩一些花和器皿的搭配。

我會用內側帶有釉裂的法國黑底（Cul Noir）器皿，搭配進入七月之後已經漸漸換上慵懶色彩的繡球花。

JUL

28

大理花、羅勒、茴香與杯子

有時可以改變角度，從正上方欣賞花朵的美。玩心是插花必備的要素！

JUL

29

伴著迷迭香的香氣

終於，烤羊肉完成了。
把醃漬入味的羔羊腿，放到平底鍋裡煎。
彩椒也一起放入鍋中用大火煎，再撒些粗鹽調味。最後用迷迭香枝串起羊肉和彩椒即可上桌。

JUL

30

花籃

就算是金屬材質的編籃，只要放入稱為「受筒」的玻璃插花器具，也能化身為很棒的花器。這種向下綻放著橘色花瓣的花叫作紫錐菊。其實是種香草，據說可以提升免疫力。其他一起搭配的還有奧勒岡和羅勒、薰衣草、薄荷等香草。

JUL
31

豬排三明治

就算天氣再炎熱，不吃點東西反而會沒有體力。那就來點豬排三明治增加活力吧。

將豬腿薄片層層相疊，裹上麵糊下鍋油炸。再加上抓過鹽的紫高麗菜，最後豪邁地淋上醬汁。要直接用白土司嗎？還是稍微烤一下呢？

吃的時候要將豬排和高麗菜絲壓緊，再大口咬下。

AUGUST

AUG 1

桃子

進入初夏之後，寶石般的水果相繼登場。

櫻桃、李子、「SORUDAMU」、杏桃、藍莓，另外還有白桃！其中我最愛的就是桃子了。從完整剝下帶有絨毛果皮的那一刻起，整個人完全沉浸在幸福的開心裡。

AUG

2

圍圈圈的夏日香草

第一次見到這個瑞典製的玻璃底座時，馬上就想到了這種插花方法。把剪短的花草順著器皿邊緣，朝同一方向依序擺放。

今天用的是夏季香草植物的花，包括薄荷、奧勒岡、天竺葵、雁來紅……透明的玻璃上，襯著淡雅的色彩和香氣。帶腳的器皿製造出與桌面的高低落差，使整體花飾看起來更顯美麗。

AUG
3

糖煮桃子

桃子　2～3顆
水　400毫升
白酒　100毫升
細砂糖　100公克
奧勒岡　1枝

將桃子以外的材料放入鍋中煮沸，待細砂糖完全溶解後便熄火。桃子對半切開，取出桃核，剝除薄皮。將處理好的桃子放入糖漿中，覆蓋上烘焙紙，以小火煮約5分鐘後熄火，靜置放涼（根據桃子的軟硬口感調整燜煮的時間）。吃的時候再放上奧勒岡葉（份量外）。

AUG

4

桃子果凍

糖煮桃子剩下的糖漿，可以用來做成果凍。

取糖漿400毫升和半根泡軟的寒天條，一起放入鍋中以小火邊煮邊攪拌，直到寒天完全溶解。果凍最好的口感是不要太硬，帶點濃稠感，入口滑順。也可以淋上約六分發、鬆軟的鮮奶油一起品嘗。

AUG
5

醬汁船

這個白色古董器皿下方連接著托盤，是法國用來盛裝醬汁的傳統容器。為什麼不是像茶杯和茶托一樣分開，而是連接在一起呢？為此我查了不少資料，也問過熟悉器皿的朋友，但沒有得到任何具體的說法。

實際用來插花後發現，它其實非常穩固。畢竟從桌上拿取的時候，誰也不想把醬汁打翻在桌巾上吧。

今天花飾用的是開始轉紅的黑莓（之後會變得更黑）及忍冬花。將蓋子擺在一旁，展現器皿原有的特色。

AUG
6

夏日色彩的大理花

大理花鮮豔的色彩，彷彿回應著盛夏藍天那令人目眩的炙熱豔陽。鐵線蓮輕柔的姿態，帶來了風的氣息。

稗草

據說稗子和小米並列為日本最古老的穀物，起源可追溯至繩紋時代。名字的由來，據說是因為它耐「寒」*的特性

插花的表現上也取此涵義，將稗草綁成一束，營造涼爽的氛圍。

譯註　日文中稗草和寒冷的發音皆為「hie」。

AUG
7

AUG

8

翠綠波浪

波浪般的葉子。這種蕨類植物是常見的觀葉植物。在這個花期普遍短暫的時節裡，山蘇的觀賞期可長達約兩個月。插花時只要將底部約1、2公分泡在水裡就可以了。

AUG

9

玻璃器皿

夏天裡的玻璃器皿，就是水面的風景。

大波斯菊
繡球花
菝葜
馬鬱蘭

AUG 10

檸檬尤加利花圈

〈材料〉
檸檬尤加利
繡球花
橄欖葉
香桃木
胡頽子
茶樹
穗花牡荊
紅藤蔓編成的
　花圈底座　直徑20公分
園藝鐵絲　咖啡色＃28

①將繡球花以外的花材各自剪成約10公分的短枝。
②將剪好的花材沿著花圈底座，朝外以同方向依序一枝一枝插上去。
③繡球花剪成小朵，用鐵絲纏繞後固定在花圈上。

檸檬青辣椒義大利麵

青辣椒的辣帶有一股清涼，很適合夏天。檸檬青辣椒義大利冷麵就是我們家夏日的常見料理。青辣椒切成細末，連同檸檬汁和粗鹽一起放入大碗中。加入煮好後經過清水冰鎮的義大利麵，再豪邁地淋上橄欖油，簡單拌勻就完成了。

雖然這樣就很好吃，但我今天還要加上滿滿的香菜、細葉芹、巴西利和薄荷碎末。

不論是檸檬的酸，或是青辣椒的辣，我都喜歡。用量都不必多，適量就好！美味卻毫不減分。大家也可以找出自己喜歡的比例，享受這道口味清爽的義大利麵。

AUG

11

AUG

12

油漬沙丁魚罐頭

每每出國看到包裝可愛的罐頭，總是會不由自主地掏出錢包。也就是人家說的看包裝買東西。不曉得是不是身邊很多朋友也都這樣，我也經常收到罐頭的伴手禮。就像這個油漬沙丁魚罐頭，忘了是哪一國的伴手禮了？

AUG 13

沙丁魚沙拉

有時候因為罐頭的包裝太可愛了，以至於一直捨不得打開，放到最後都過期了。

雖然捨不得（打開），但因為（放到過期）太可惜，所以還是打開來品嘗吧！

把沙丁魚倒進鍋子裡，和小葉酸模、菊苣葉、金蓮花等味道稍有個性的葉子一起以油和鹽蒸煮。配上切片番茄和黑胡椒，一盤沙丁魚溫沙拉就完成了。

AUG
14

向日葵

向日葵名字的由來，據說是因為它的花會向著陽光的方向移動。是真正的，太陽花。

AUG
15

檸檬冰

不是雪酪，也不是義大利冰沙（Granita），就是有檸檬味的冰。將檸檬汁、細砂糖和水一起煮過之後放涼，加入薄荷和檸檬草增添清涼感，接著放入冰箱冷凍。敲敲敲，冰凍過程中用叉子把冰敲碎。帶入一點空氣，使質地由透明轉為乳白色，口感也會更加鬆脆。

AUG 16

海芋和穗花牡荊

這種表現，是一般所謂的「環繞式」插花。

海芋只要離水放置約半日，莖就會變得比較容易彎曲。把花擺入器皿中，將枝莖順著容器的邊緣調整彎度。注意別讓花浸到水。

沿著海芋莖插入穗花牡荊，保留器皿中間的空白，就像夏日的花圈一樣。

AUG
17

葫蘆花串

夏天的壁飾。隨風搖曳的姿態，充滿涼爽的氣息。

葫蘆
香草
薄荷
羅勒
馬鬱蘭
奧勒岡
茴香
e.t.c.

AUG
18

玉米濃湯

已經不曉得做過多少次玉米濃湯。剝下玉米粒，把能熬出美味精華的玉米芯也放進鍋裡一起煮。加入差不多淹過材料的水，再撒上粗鹽，蓋上鍋蓋以小火煮10～15分鐘。接著取出玉米芯，將鍋中剩餘的食材倒入食物調理機中攪拌均勻後，以網篩過濾。濃稠度可依個人喜好調整，加點水稀釋後的口感喝起來比較適合夏天。

今天用了天竺葵花點綴。

AUG
19

像畫一樣

花枝從渾圓的器皿中直挺挺地向上伸展，頂端冒出一朵又一朵的花苞。

就像曾經看過的畫作一樣。

為了激發靈感，有時候我也會參考畫冊來插花。

AUG
20

巴基斯坦檸檬糖漿

各位聽過「巴基斯坦檸檬」嗎？我也是前幾年才知道這種檸檬，是石垣島「Jurgen Lehl」農園送給我的。

比起一般檸檬，巴基斯坦檸檬個頭較大，外形和顏色就像迷你冬瓜。果皮不是常見的黃色，而是帶點青綠色。

有趣的是，這種檸檬主要是吃它的果皮和白色囊膜而不是果汁。脆脆的口感有說不出的美味。我喜歡切片漬成糖漿，可以連同果肉一起品嘗。

AUG 21

巴基斯坦檸檬糖漿氣泡水

將巴基斯坦檸檬糖漿連同檸檬馬鞭草一起，調製成氣泡飲。夏日午後來上一杯，是最幸福的時光。

AUG
22

香草壁飾

夏天的壁飾要盡量輕爽。
用新鮮香草和果實製作，欣賞之餘，也能直接做成乾燥花。

AUG
23

夏日綠意花束

夏天的新娘捧花可以選擇純白的夏季花朵，搭配深綠色的葉子，以及變色前的青綠色果實。

〈材料〉
圓錐繡球
數珠珊瑚
大波斯菊
山葡萄
雞屎藤

將圓錐繡球和數珠珊瑚的枝莖順直後平放於掌中。將大波斯菊擺在較高的位置上，最後以山葡萄和雞屎藤的藤蔓由外朝內纏繞。

AUG
24

木天蓼

夏日走入山林，有時會見到一大叢彷彿只有那裡覆蓋著白雪的植物。那十之八九就是木天蓼了。木天蓼的葉子像是被用油漆刷潑到般，灑滿不規則的白，看起來十分涼爽。

夏天的枝條要表現得婀娜輕柔，自然不做作。

AUG

25

保持原有的姿態

即使被雨打傷、被風吹落，花瓣受了傷，預告夏日尾聲的花朵，依然展現直挺傲然的姿態。

AUG

26

雞冠花

因為長得像雞冠，所以被稱為「雞冠花」，就連英文名也叫作「Plumed Cockscomb」。

雞冠花雖然原生於熱帶地區，卻與日本淵源頗深，自奈良時代就是一般人所熟悉的花。

花色除了紅、黃、紫、粉等鮮豔分明的顏色以外，也有米黃色等優雅的淡雅色調。

就用有顏色的古董瓶，搭配這駝色帶粉色鑲邊的雞冠花。

AUG

27

韭菜花

一旦買到當季的韭菜花，當然就要做成香味醬了。不僅便於保存，也能活用在各種料理上。

AUG
28

香味醬

韭菜花、薑、青辣椒。將這些全部切成細末，以總重量8％的鹽量來抓醃。放入消毒過的瓶子裡發酵兩週，不時均勻攪拌。完成後就能放入冷藏保存與使用。

淋在剛煮好的白飯上，或搭配烤豬肉、羔羊肉、牛肉，或作為餃子餡的提味，或用來拌炒、當作湯品調味，或做成涼拌、醬汁、蘸醬、西班牙番茄冷湯等，用途應有盡有，多到數不完。

AUG

29

烤香腸

燒烤的香氣是屬於夏天的味道。戶外烤肉吸引人的正是這一點。從傍晚開始，用炭爐烤肉烤魚烤蔬菜吃，也是這個季節的樂趣。絞肉香腸在烈火炭烤下，油脂滋滋作響。搭配櫛瓜沙拉，讓味蕾短暫休息。

AUG

30

大理花、大理花、大理花

模擬生長的自然姿態，調整每一朵花的不同方向。

從上方欣賞，和從下方窺看，各自有著截然不同的表情。

AUG
31

火腿三明治

說起三明治，比起各種變化口味，我更喜歡直球對決。尤其是經典的火腿三明治，總是會讓我心情變好。

豪邁地在土司上抹上奶油，挾著香醇的火腿，做成三明治。除了火腿以外，其它配料盡量單純。香草直接擺在土司上，像沙拉配菜一樣。

最後用刀叉細細地品嘗。

SEPTEMBER

鬆餅

鬆餅到底為什麼會如此令人開心雀躍呢？早上吃鬆餅的日子，一整天似乎都能擁有好心情。

麵糊基本的調製方法為，將蛋打散在大碗裡，加入牛奶混合，倒入過篩的泡打粉和低筋麵粉，以打蛋器攪拌，最後加入融化的奶油和勻。

〈材料·方便製作的份量〉

雞蛋　1顆

牛奶　85公克

低筋麵粉　100公克

泡打粉　3.5公克

融化的奶油　20公克

SEP 1

SEP
2

白色花園

好久以前的事了，我曾經到英國做了一趟庭園探訪之旅。當時造訪了西辛赫斯特城堡花園（Sissinghurst Castle Garden）。其中的「白色花園」（The White Garden）之美，讓我直至今日偶爾都還會想起。

整個花園猶如其名，以白色的花為主，在銀葉菊等葉子的色彩搭配之下顯得美麗動人。我想應該沒有人不會折服於這花園的美吧。白×綠是永遠不敗的組合。

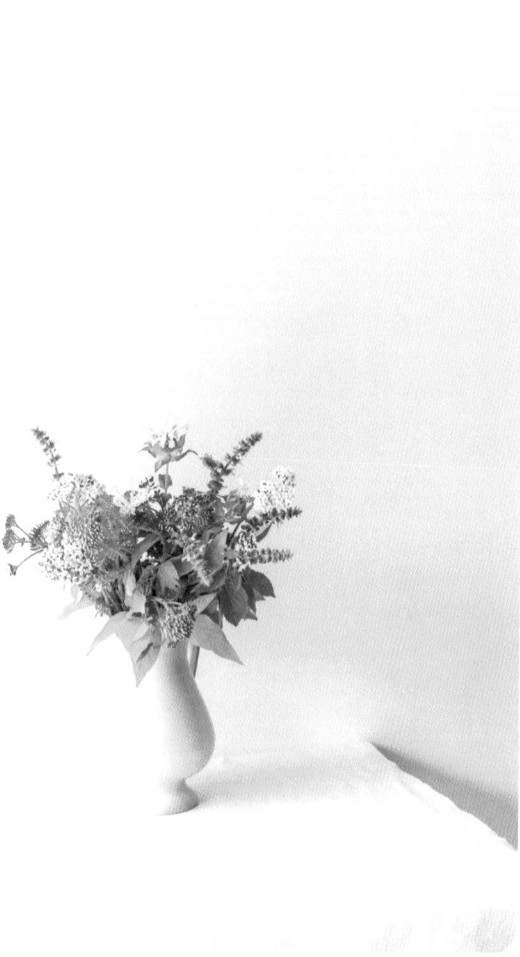

SEP

3

葡萄與乳酪

乳酪和水果是最美味的組合。再來一杯美味的葡萄酒，悠閒的時光，就是最幸福時光。

SEP

4

玫瑰與迷迭香

插花時猜想著兩者的香氣融合在一起，會是什麼樣的結果呢？

SEP
5

石蒜花

顏色令人印象深刻的石蒜花，讓我索性放棄其他的搭配，直接單獨呈現。

為了表現枝莖的直挺之美，不加思索地選擇了透明的玻璃器皿。

SEP

6

草牡丹

沒有一種花的名字叫雜草。所有的植物都有名字。知道了名字，就會對它更感興趣。

在路邊發現不認識的植物，我會馬上拍照，回家找資料。這時候一定會先瞭解它的原生地，因為對花生長的環境有所想像，會成為日後插養的靈感來源。

草牡丹原生於日本山林與草原，名字的由來據說是因為葉子長得很像牡丹葉。這枝草牡丹還處於花蕾階段，接下來就能欣賞花苞漸漸綻放的模樣了。

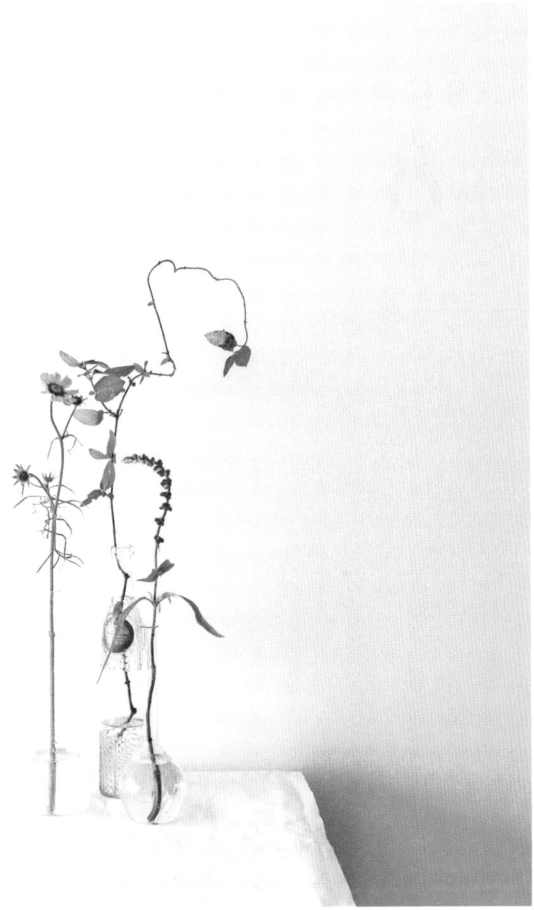

SEP

7

各取一枝

因為簡單，就變成平時插花的習慣了。

家裡幾乎都是一枝一枝的花飾。

墨西哥鼠尾草

貫月忍冬

大波斯菊

SEP
8

斐濟果

正面和反面，要選哪一個呢？

反面：銀綠色
正面：橄欖綠

SEP

9

烤胡桃南瓜

大家聽過胡桃南瓜嗎？最近愈來愈常見了，無論是做成濃湯或煎烤，都很適合。

將胡桃南瓜剖半，挖除籽囊，以攝氏兩百度的烤箱烤約四十分鐘。烤好之後依喜好淋上橄欖油和粗鹽。今天搭配的是香葉萬壽菊。

SEP
10

香草花冠

花冠是多數新娘在婚禮上會要求配戴的飾品。製作時陣陣香草芳香撲鼻而來，十分療癒。

SEP
11

櫛瓜義大利麵

生櫛瓜好吃不在話下，但是將櫛瓜煮得軟黏綿密，又是截然不同的美味。

夏天的尾巴、秋天開始之際，不妨試試煮得黏糊糊的櫛瓜。將洋蔥絲和櫛瓜簡單地以橄欖油煮至黏稠，搭配義大利麵或烤雞……

SEP

12

鼠尾草花束

研究了鼠尾草後，發現它的作用和功效不少。其中由於具有刺激與活化感官的功效，平時覺得累的時候，我經常會用鼠尾草來泡香草茶。

鼠尾草又名「Salvia」，是由拉丁語中表示「治療」一詞的「salvare」轉化而來。據說還有句諺語是「家裡院子種了鼠尾草，怎麼會有人死亡？」。自古以來就跟治療和生命息息相關呢。

鼠尾草不只功效多，姿態也十分迷人。大家或許沒有特別留意過鼠尾草花，但它的花色彩豐富，紅色、紫色、藍色、粉色、黃色等，開花的方式也各異其趣。這回我就試著用各種鼠尾草的花製作花束。

庫斯庫斯沙拉

最近愛上了庫斯庫斯沙拉。只用了橄欖油和粗鹽調味，若要說是中東地區的「塔布勒沙拉」（Tabbouleh），其實不過是自創風格，但會讓人忍不住用湯匙一口接一口，停不下來。

取60公克的庫斯庫斯，簡單淋上橄欖油和粗鹽後，加入60毫升的滾水，蓋上蓋子燜7分鐘。用湯匙將庫斯庫斯撥散，接下來就隨個人喜好添加配料了。今天我加了白花椰菜、櫻桃蘿蔔、小番茄、水芹、巴西利和蒔蘿。接著用酸豆和生火腿增加鹹度。所有食材都要切得碎碎的，使味道和庫斯庫斯融為一體。全部拌勻之後，再用粗鹽調整味道。也很適合用山椒小魚乾來調整鹹度。

SEP

13

SEP

14

桂花凍

將桂花封存在果凍中。
若有這種戒指或耳環該有多好。

SEP

15

橘子冰茶

將泡好的紅茶倒入橘子汁中，就變成有著美麗層次的橘子冰茶。第一次喝到這種味道，是在高中時常去的一家咖啡廳。因為實在太好喝了，後來每次去都是點橘子冰茶。

出現層次是因為兩種飲料比重不同的關係。只要從上方緩緩將紅茶往下倒就可以了。夏末初秋的今天依舊酷熱，試著先把橘子汁凍成雪酪，再加入紅茶。

SEP
16

炎熱夏日
就用橘子雪酪來消暑

隨著橘子雪酪慢慢融化，紅茶的香氣撲鼻而來。

雪酪融化的過程中，味道也會漸漸跟著改變，直到最後一口，都是驚喜。

SEP

17

凋落的大理花

預告著生命結束的大理花，同樣讓人捨不得移開目光。

待花瓣散盡之後收集起來，以一只盛水器皿，讓花瓣漂浮其中，欣賞它最後一刻的美麗。

烤茄子濃湯

茄子可蒸可烤，也能拌炒，是全方位的食材。今天就把烤過的秋天茄子拿來做成濃湯。

〈材料．方便製作的份量〉
茄子　5根
檸檬汁　2小匙
鮮奶油　20毫升
鹽　適量
紅薄荷　適量

①整根茄子置於烤網上，以攝氏250度的烤箱烤至外皮焦黑。放涼後剝去外皮和蒂頭，淋上檸檬汁。
②將①和200毫升的水放入食物調理機中，再加入鮮奶油和鹽，攪拌至滑順為止。
③將濃湯倒至餐具中，添上紅薄荷點綴。

SEP
18

SEP

19

毛茸茸的

天空漸漸清澈，感受到秋天的氣息。這時自然會想用毛茸茸的雞冠花來插花。

應該是下意識地想和植物心靈相通吧。

SEP

20

桂花氣泡水

將桂花糖漿加進果凍裡，兌上氣泡水，做成順口的氣泡飲。喝起來帶著微甜的溫柔味道。

SEP

21

插花後的風景

這美麗的餘韻，讓人不禁停下收拾的雙手。

SEP
22

馬㼎兒

差不多到了可以用果實插花的季節了。

以夏克爾木盒（Shaker Box）為花器，擺上馬㼎兒和肉桂葉。

SEP

23

大理花與商陸花束

會讓人忍不住脫口而出：這配色真是神奇啊……用開始換色的紅色商陸葉搭配大理花。保留大理花和商陸的長莖，綁成花束。以玻璃酒瓶作為花器，水量大約浸到底部就好。

SEP

24

一枝玫瑰

就是惹人憐愛。

SEP

25

花的尾聲

凋落的花讓人明白，花的結束，
是另一個嶄新季節的來臨。

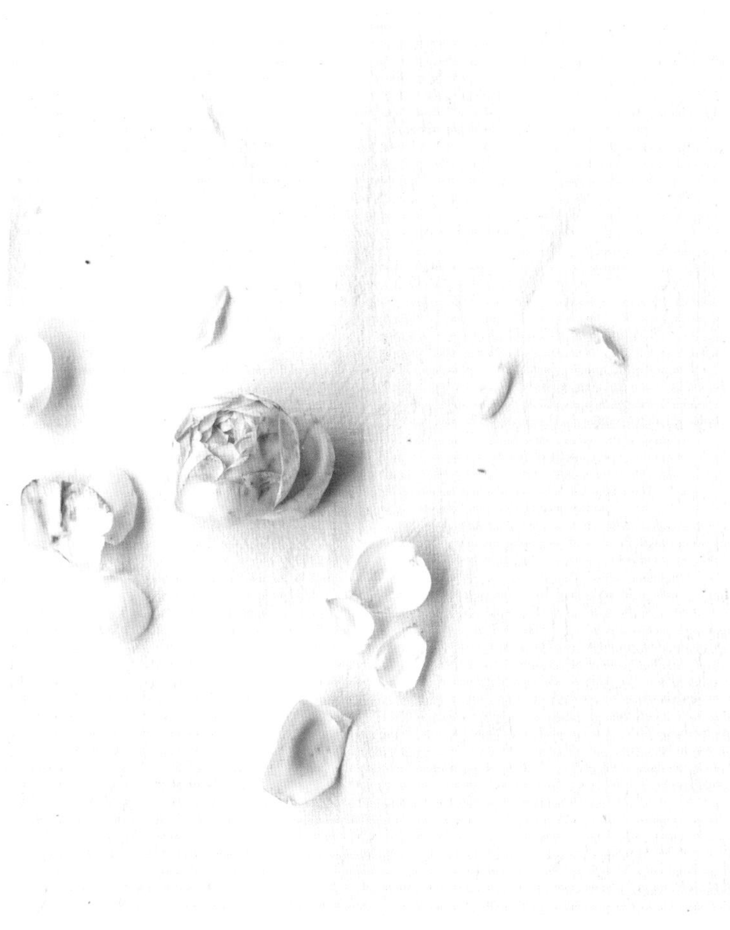

SEP

26

紅色與銀色

展現純潔高雅與強烈的印象。

SEP

27

秋天的水果料理

秋天的水果開始上市了。葡萄、蘋果、柿子、梨子。秋天的水果很多都能拿來入菜，各位也想挑戰水果料理嗎？

SEP
28

葡萄燉肋排

豬肋排　700公克
葡萄（2～3種類）　1串的量
杏乾　4顆
葡萄乾　20公克
小洋蔥　8顆
大蒜　1瓣
迷迭香　2根
粗鹽、黑胡椒　適量
紅酒醋　2又½大匙
橄欖油　20毫升
白酒　50毫升

①將肋排抹上粗鹽、黑胡椒和迷迭香，淋上紅酒醋後靜置。
②厚底鍋裡放入橄欖油和大蒜加熱，放入①和醃肋排的醬汁。
③肋排煎到表面上色後熄火，將果乾、分成小串的葡萄，以及小洋蔥均勻鋪在肋排上，淋上白酒後蓋上鍋蓋，以中小火燉煮約1小時。

SEP

29

葡萄與葡萄

葡萄燉肋排完成了。盤子上也有葡萄?!這只法國的盤子已經有兩百多年歷史了。偶爾用有圖案的器皿也不錯呢。

適合品嘗燉煮料理的季節終於到了呢。

SEP

30

南瓜

說到南瓜，通常就會讓人想到萬聖節。不過，現在有很多南瓜的品種，乍看之下還真不知道是什麼果實，讓人不禁懷疑，這真的是南瓜嗎？

在這酷熱不減的時節，這樣的柔和色彩，讓人心情舒坦不少。

OCTOBER

OCT 1

巧克力

巧克力是個魅惑的東西。濃密滑順的口感令人醉心。直到最後一口都充滿深度的美味，讓人幾乎沉溺而無法自拔。

堅果、花瓣、柑橘、香料……隨著搭配不同東西，風味表情也截然不同。這也正是巧克力的迷人之處。

OCT

2

生菜花束

自己準備餐點到朋友家參加派對。事先做好帶去當然也行，但這回我只準備了一瓶自製沙拉醬，另外以香草取代花，綁成花束一起帶去。

這種自備餐點的方法也不錯。

OCT

3

西洋梨

切開的瞬間，令人心動的香甜瞬間飄散。酒香似的醇厚香氣，或許就是吸引大人們喜愛的原因吧。

OCT

4

西洋梨的造型

西洋梨擁有最適合在鏡頭下呈現的姿態。

買了一大堆西洋梨，以大盤子盛裝，擺在客廳等待成熟。大型橢圓盤在這種時候就非常好用。

OCT

5

湯碗

任何容器都能當成花器，其中我特別喜歡湯碗和咖啡歐蕾碗，經常拿這種寬口容器來插花。這只湯碗出自Creil et Montereau窯，是來自法國的古董。

用寬口容器插花的要訣是將花依靠在容器邊緣。先將中間位置的雁來紅擺在容器邊緣，兩旁再插上野紺菊。

OCT
6

香料麵包

我每次到法國一定會買香料麵包。蜂蜜的香甜、香料的調配等，四處發掘哪裡的好吃、尋找符合自己的口味。

香料麵包外表樸實無華，卻可以品嘗到隨著時間不斷變化的滋味。我也嘗試自己動手做，持續尋找最適合自己的味道。

OCT

7

菊花花束

給人供花印象的菊花，簡單綁成花束也很可愛。

OCT

8

月桂葉

月桂葉經常作為香草入菜。在古希臘，月桂葉是勝利與榮耀的象徵。

OCT

9

食用燈籠果

吃起來酸酸甜甜的，而且還帶股香氣。

樹木果實花圈

收集了森林裡掉落在腳邊的樹果實來做花圈。

〈材料〉
樹木果實　6～7種
（胡桃、榛果、赤楊、尤加利果等）
綠苔蘚
市售的花圈底座　直徑15公分
銅線　金色#34

OCT
10

①利用熱熔膠把綠苔蘚黏在花圈底座上。
②以綠苔蘚填滿底座的縫隙。
③接著用銅線以3～5公分的間隔纏繞，使綠苔蘚牢牢固定在底座上。銅線兩端收至底座背面接合擰緊，剪斷後塞入底座裡。
④先從胡桃等較大的果實開始，以熱熔膠緊緊黏在綠苔蘚上。
⑤以一顆胡桃果實為一叢的概念，將中型果實平均黏在綠苔蘚上。最後用小果實將看得見綠苔蘚的縫隙填滿。

果實的擺放位置不要太整齊，彼此錯開或變換方向，花圈看起來會更自然。

OCT

11

野菇燉飯

〈材料・2人份〉

菇類　250公克

（香菇、舞菇、蘑菇等）

洋蔥　¼顆

巴西利　適量

米　60公克

薏仁　30公克

雞高湯　250毫升

橄欖油　20毫升

月桂葉　1片

白酒　15～20毫升

粗鹽　½小匙＋適量

奶油　5公克

菊花　適量

①將菇類分成小株。洋蔥、巴西利切末。薏仁泡水備用。

②將菇類、月桂葉、白酒和粗鹽½小匙放入小鍋，蓋上鍋蓋待菇類蒸軟出水後加入奶油。將菇類和湯汁分開。

③另取一鍋，倒入橄欖油加熱後，放入洋蔥炒至透明。接著加入米和瀝乾的薏仁，迅速翻炒至全部食材都裹上油。

④倒入一半份量的雞高湯，稍微拌勻後蓋上鍋蓋，燜煮約5分鐘。接著加入炒菇時留下的湯汁拌勻，再蓋鍋煮5分鐘。最後視鍋裡狀態，加入剩餘的雞高湯和巴西利簡單混合，蓋上鍋蓋煮5分鐘。起鍋前以鹽調味，盛盤後撒上菊花花瓣。

OCT

12

根芹菜沙拉

根芹菜的英文叫作「Celeriac」或「Celeri-rave」。切絲後和法式芥末醬、優格、橄欖油拌勻，再以鹽調味。

搭配微酸的麵包和新鮮的西洋梨一起品嘗，或做成開放式三明治。

紫白菜沙拉

〈材料．2人份〉
紫白菜　3片
生火腿　3片
鹽　適量
米醋　2小匙
蜂蜜　1小匙
橄欖油　適量

將紫白菜切成適口大小，撒些鹽稍微抓醃。搭配切成適口大小的火腿，最後加入調味料拌勻就完成了。

紫白菜遇到酸，顏色會變得更鮮豔。有時候做菜時也會因為食材的色調而感到驚豔。

OCT
13

OCT

14

檸檬壁飾

收到還帶著枝葉的檸檬，索性綁成一束直接吊掛起來當成壁飾。一起綁成束的尤加利葉和茶樹，也是會散發檸檬香氣的植物。乾燥之後依舊會飄散柔和的香氣，給屋子帶來舒服的氛圍。

〈材料〉

檸檬

檸檬尤加利

檸檬茶樹

①將混合了檸檬尤加利和檸檬茶樹的枝莖順直後平放於掌中。

②將檸檬疊在最上面，一口氣抓緊，使檸檬的位置在花束的正前方。

OCT

15

鬆軟的地瓜與香草冰淇淋

這是一道可以感受到秋天氣息的甜點，就像散步在銀杏大道上。地瓜燙熟過篩之後，輕輕地撒在盤中。再擺上乳白色的香草冰淇淋，輕輕地裹著地瓜品嘗，美味的令人停不下口。

OCT

16

栗子

外形像卡通《海螺小姐》裡波平老爹的頭的可愛栗子。比起直接吃，我喜歡換個形式，做成甜點品嘗。就算只是簡單做成栗子泥，都覺得好吃多了。

OCT
17

斑克木

原生於澳洲的斑克木，開花時花柱會不斷抽高，外形就像把刷子（右）。乾燥之後擺在屋子裡當裝飾，感覺就像個藝術品。我通常都和雜貨一起擺在櫃子上，或是放在喜歡的外文書上。

斑克木的特殊之處，在於它的發芽方式。澳洲環境乾燥，不時會發生森林大火。斑克木堅硬的果實（左）在森林大火的加溫下會自動裂開，掉出裡頭的種子，在大火燒成一片的荒土上萌生新芽。這是為了在生存競爭中勝出的偉大智慧。

OCT 18

栗子濃湯

〈材料．2～3人份〉
栗子　14顆
洋蔥　半顆
奶油　20公克
迷迭香　1小根
牛奶　300毫升
鹽　適量

將洋蔥切成末，和燙過的栗子一起以奶油炒香後，加入迷迭香和200毫升的牛奶以小火燉煮。煮好後倒入食物調理機攪拌成泥狀，再加入剩餘的牛奶調整濃稠度，最後以鹽調味。

OCT

19

融化中的巧克力

巧克力無論是融化或凝固，最重要的是溫度和光澤感，因此調溫的步驟可是省略不得。原來即便只是簡單的融化和凝固，也都是科學呢。

OCT

20

咖啡與水果乾

就算沒有咖啡和水果乾，也不至於活不下去，但如果有，就會特別地開心。生活中就是有這樣的東西呢。

OCT

21

老鴉柿

每到深秋，就會開始想用帶果實的植物來插花。

對了，老鴉柿屬於澀柿，是改良作為觀賞用的品種，可千萬別拿來吃了。

OCT

22

紅玉蘋果沙拉

用芝麻菜和蒔蘿等香氣濃郁的香草，搭配酸度鮮明的紅玉蘋果。再以法式芥末醬、檸檬汁、白酒醋、橄欖油和鹽調製醬汁，作為結合這兩種味蕾的媒介。

酸甜中帶著清香，是道甜點般的沙拉。

OCT

23

秋天的玫瑰花束

打從春天數度綻放的玫瑰，到了秋天，花苞顯得嬌小許多。相對的，顏色變得更沉穩，香氣也更加濃郁強烈。與其說是花中之后，倒比較像是楚楚動人的少女。

將每一朵玫瑰花的位置錯開，以約相差一朵的高低落差，由後往前依序擺放，最後綁成花束。

OCT
24

韭蔥

韭蔥是一種英文叫作「poireau」的大蔥。經過慢火加熱，甜度會更明顯。

OCT

25

燒韭蔥

將韭蔥切成約4～5公分長，連同月桂葉、粗鹽、橄欖油及少許的水，蓋上蓋子慢火燜燒。最後再放入奶油，燒出香氣。

OCT 26

喜歡的花

每次被問到「喜歡什麼花？」，我的回答永遠都是「玫瑰花」。以前曾經在公寓陽台上種了將近七十盆的日本原生種玫瑰和英國玫瑰，幾乎每天都沉溺在玫瑰圖鑑中，還四處走訪玫瑰園，甚至最後遠赴英國的玫瑰聖地造訪玫瑰庭園……簡直就像戀愛一樣地痴狂。

OCT

27

黑與白

可可含量高的黑巧克力，搭配榛果、杏仁、杏乾、蔓越莓，還有粗鹽和食用花。同樣的配料，用白巧克力的話又是截然不同的風味。

OCT

28

中西皆宜

自從開始接觸花的工作以來，讓我重新注意到它迷人之處的花，就是菊花了。菊花具備濃厚的東方氣息，但是隨著花器的挑選和搭配的雜貨，展現的印象會完全不同。

試著用老舊的醫藥壺當成花器，插上疏蕾的粉嫩色菊花，做出了西方風情的插花。

OCT

29

白豆燉肉

豬肉非常適合搭配白豆。而這道白豆燉肉，必須燉煮到食材完全軟化才行。馬鬱蘭的香氣可以使兩者的結合更有深度。

OCT

30

直徑15公分

樸實無華的蛋糕或磅蛋糕切片，用直徑15公分大小的盤子來呈現最適合。

OCT
31

雞蛋三明治

Simple is Best!
雞蛋三明治就是因為簡單，所以好吃！

NOVEMBER

NOV

1

乾花

希望能欣賞植物的美直到最後一刻，於是私底下開始以「乾花」來稱呼這樣的花。

製作乾燥花就像做實驗一樣。即便是含水量高的鬱金香和風信子等球根花卉，也能做成美麗的乾燥花。

・吊掛在窗邊。
・鋪在竹篩上。
・做成花圈或花束後，直接當成花飾。

成功的祕訣在於不是用含苞待放的花蕾來做，而是用完全綻放的花，把乾燥當作最後的樂趣。

完成後的乾花可以帶著枝莖，或是獨留花瓣。有別於鮮花，乾花有著獨特的魅力，可當成藝術品擺飾，或用在包裝上作為點綴。

NOV

2

帶著葉子的紅蘿蔔

之所以覺得紅蘿蔔帶著葉子很可愛，或許是想到小兔彼得了吧。是不是因為故事裡的紅蘿蔔看起來都很好吃啊。

NOV

3

姬蘋果

開花植物漸漸少了，不過在即將到來的冬天，也有屬於這個季節的樂趣。像是在冷冽空氣中露臉的，冬天的紅色。

將姬蘋果堆放在咖啡歐蕾碗裡，滿到幾乎快掉出來似的。

NOV

4

樹木果實

就只是擺著而已。

NOV

5

香葉萬壽菊

熟識的香草農場寄來滿滿一整箱的香草。打開紙箱的瞬間，一股混合著柑橘香和甘甜氣息的強烈香氣撲鼻而來。馬上知道，裡頭一定有香葉萬壽菊。

我喜歡香葉萬壽菊的味道，甚至想把它列入最愛香氣的前三名。

NOV

6

櫻桃鼠尾草

一摘下來，花瓣便隨之翩翩掉落。於是裝了杯水，任由掉落的花瓣漂浮其中，欣賞這信手捻來的風景。

NOV

7

蘋果點心

蘋果汁經過不斷熬煮，透過果膠的作用，最後會像果凍一樣凝結成塊。

隨手以茶匙舀起，撒上些許細砂糖。成了一道適合搭配紅茶品嘗的小點心。

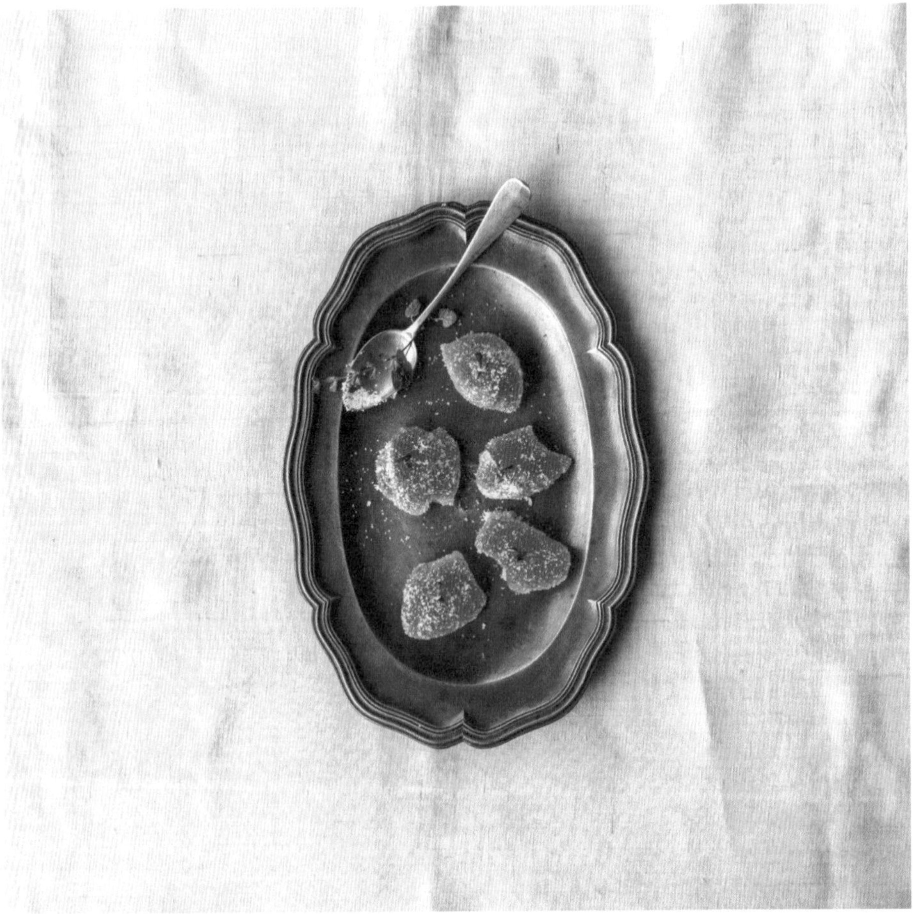

NOV

8

枯葉

到了會留意腳邊落葉的季節了。

NOV

9

司康

司康一定要剛烤好的最好吃。早上吃司康好像也不賴，不過還是搭配下午茶最適合。

山歸來花圈

作為迎接冬天的第一項準備，就是製作山歸來花圈。

NOV

10

NOV

11

野菇義大利麵

準備白蘑菇、棕色蘑菇、香菇、鴻喜菇、舞菇等共計400公克的菇類。將大蒜泥一瓣、馬鬱蘭兩根、橄欖油30毫升一起加熱，接著放入菇類以中火大略拌炒，再撒上少許粗鹽，淋上30毫升白酒，蓋上鍋蓋燜煮。放入燙好的直麵拌炒均勻，最後以鹽和黑胡椒調味。

NOV

12

烤秋蔬

將無農藥的紅蘿蔔、地瓜和甜菜根切成大塊，撒上百里香並均勻淋上橄欖油，以攝氏200度烤箱烤30分鐘。烤好後撒上粗鹽。

NOV
13

秋蔬溫沙拉

在容易只聯想到咖啡色調的秋色當中，也有如此美麗的色彩。

NOV

14

茴香與湯匙

被茴香的香氣吸引，今天就來做點需要慢火細熬的燉煮料理吧。

NOV
15

冰淇淋餅乾三明治

用燕麥餅乾夾著冰淇淋，放在食用花瓣上沾滾一圈即完成。

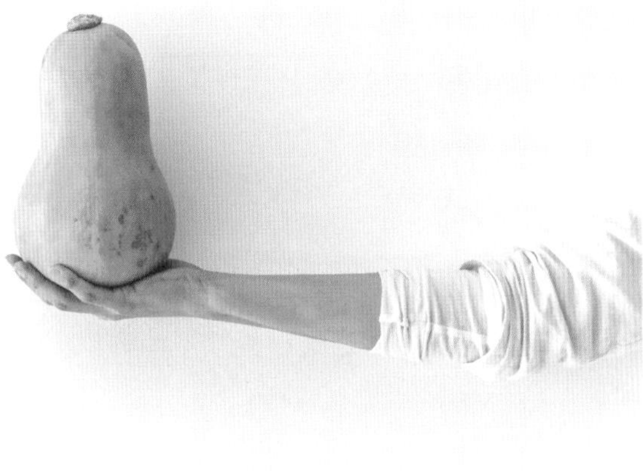

NOV

16

胡桃南瓜

最近很常見的胡桃南瓜。它的特色是甜度高，吃起來帶有胡桃般的風味，口感綿密。如果想品嘗它綿密的口感，做成濃湯是最適合的。

NOV
17

雞屎藤

究竟是誰替它取了這樣的名字呢……雞屎藤讓人明白了一個道理，即便是植物，也並非都是香的。雖說如此，它那筒狀花冠、中心呈深粉紅色的嬌小花朵實在可愛，古銅色的果實則展現了成熟的姿態，帥氣極了。再者，有個說法是，人只要三分鐘就會習慣氣味了！

NOV

18

胡桃南瓜濃湯

〈材料・方便製作的份量〉

胡桃南瓜　300公克（¼顆）

洋蔥　¼顆

奶油　8公克

鹽　適量

水　60毫升

牛奶　150毫升

①將胡桃南瓜切成適口大小，洋蔥切成細絲，一起放入鍋中以奶油拌炒。再加入鹽並倒入清水，蓋上鍋蓋小火燜煮。

②將①倒入食物調理機攪拌均勻後再倒回鍋中，加入牛奶以小火加熱，最後以鹽調整味道。也可以加點肉桂或肉荳蔻增加風味。

NOV
19

蘋果果凍

紅色的蘋果果凍配上姬蘋果，可愛得令人怦然心動。果凍在蘋果的酸味和果膠的作用下，口感輕彈滑順。

NOV

20

咖啡歐蕾與泰迪熊玫瑰

「泰迪熊」（Teddy Bear）是我第一個栽種的玫瑰品種。因為喜歡它在花期接近尾聲時，花瓣轉為咖啡歐蕾色的模樣。

NOV

21

葡萄香味鼠尾草

深深覺得人和植物的關係，並非只有欣賞而已。據說葡萄香味鼠尾草，自古以來就是美國原住民當作解熱劑等用途的藥草。

NOV

22

酥炸大和芋山藥丸子

已經不知道做過幾次了？這道酥炸大和芋山藥丸子，只要將大和芋山藥磨成泥，以湯匙舀至油鍋炸熟就行了。吃起來外皮酥脆，裡頭軟黏彈牙。

將蒔蘿切碎加入山藥泥中混合，吃起來還帶點蒔蘿香氣，非常好吃。大口咬下剛炸好、熱呼呼的炸丸子，大家一定要試試！

NOV

23

玫瑰果花束

把可愛的鮮紅色玫瑰果綁成束。暫時先將底部泡在水裡，欣賞新鮮欲滴的美麗，之後再直接吊掛做成乾燥花。

將野玫瑰分成兩束，以交叉的方式整理成花束，抓在手上。接著從上方調整好花束的平衡，將枝莖剪成長枝紮好。

NOV

24

八角金盤果
多花素馨
菝葜

為家裡餐桌和廚房插花時，我習慣從餐具櫃中挑選器皿作為花器。有時是每天使用的玻璃杯或茶杯，偶爾也選用平底盤或缽碗。正因為是平時常使用的器皿，更能夠自然地融入生活空間。

NOV

25

鋁製茶壺

無論外形或容量都很方便使用的鋁製茶壺。壺嘴和把手是後來才加上去的。這是一個現代工藝家獨一無二的作品。長久以來，每天，愛用中。

NOV

26

菊花與咖啡歐蕾碗

在碗裡轉呀轉的。

NOV

27

炸鮭魚

炸鮭魚配上法式芥末醬和酸黃瓜。用炸鮭魚做成三明治當午餐，或者當成宵夜，搭配威士忌一同品嘗都很適合。

NOV

28

背心與菊花

一眼就愛上了這只服裝造型的可愛花瓶。

用來搭配的是鵝黃色的美麗菊花。

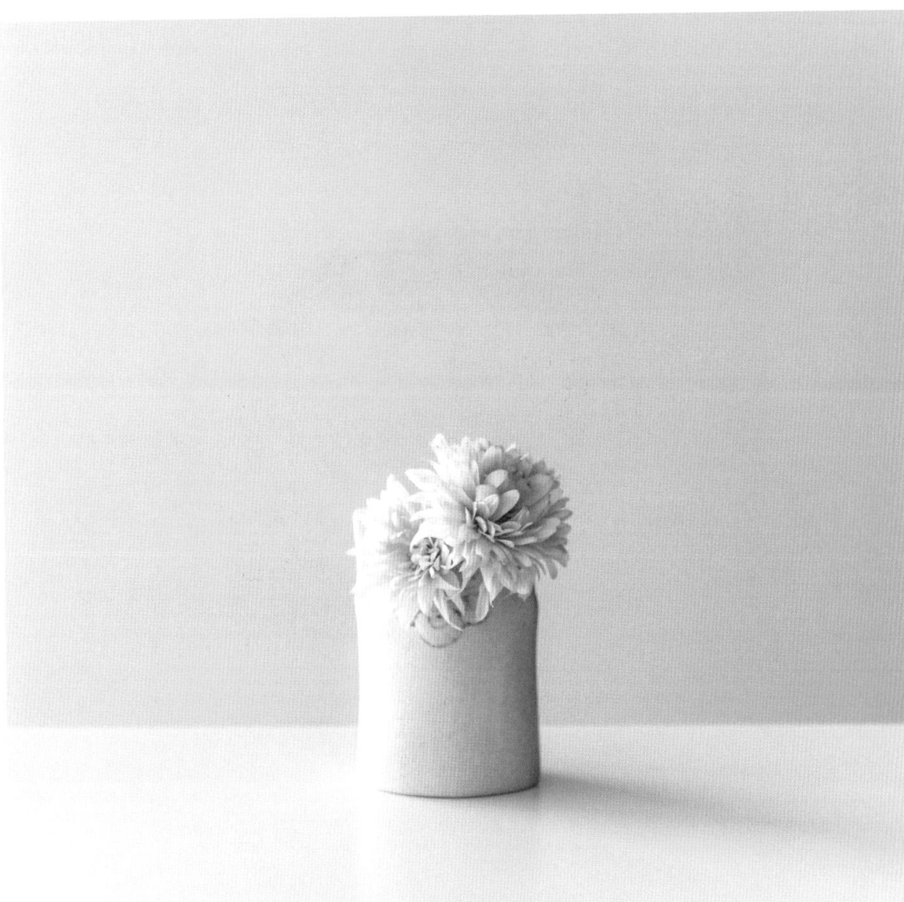

NOV

29

法式蔬菜燉肉

「pot-au-feu」是法文「火上鍋」的意思，指的是肉類和蔬菜一起燉煮的料理。將切成大塊的蔬菜以細火燉煮入味後，直接整鍋趁熱上桌。

用迷迭香枝編成隔熱墊，使餐桌上飄散著一股芳香。

樹上掉落的東西

松果
胡桃
赤楊
懸鈴木

NOV
30

DECEMBER

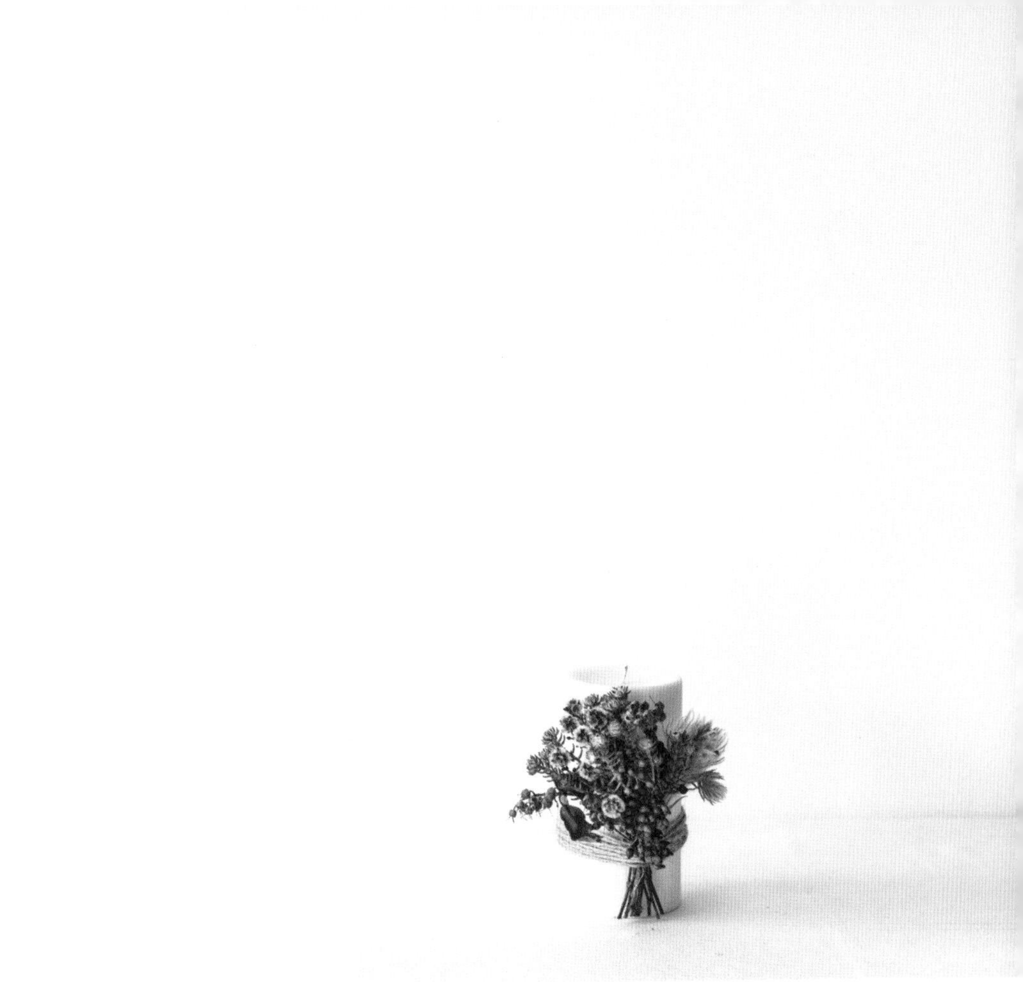

DEC

1

蠟燭與乾燥花

喜歡用秋天做好的乾燥植物，搭配生活中的物品作為擺飾。試著用簡單的蠟燭，以麻繩綁上一束小小的花束。

今天開始就是十二月了。雖然變得忙碌，還是要盡量保持心情的平靜。

DEC

2

粉紅胡椒

平時都是買乾燥的粉紅糊椒果實。在花市看到新鮮的枝葉後，立刻買來插花。辛香嗆辣中，帶著一點淡雅清爽的香氣。

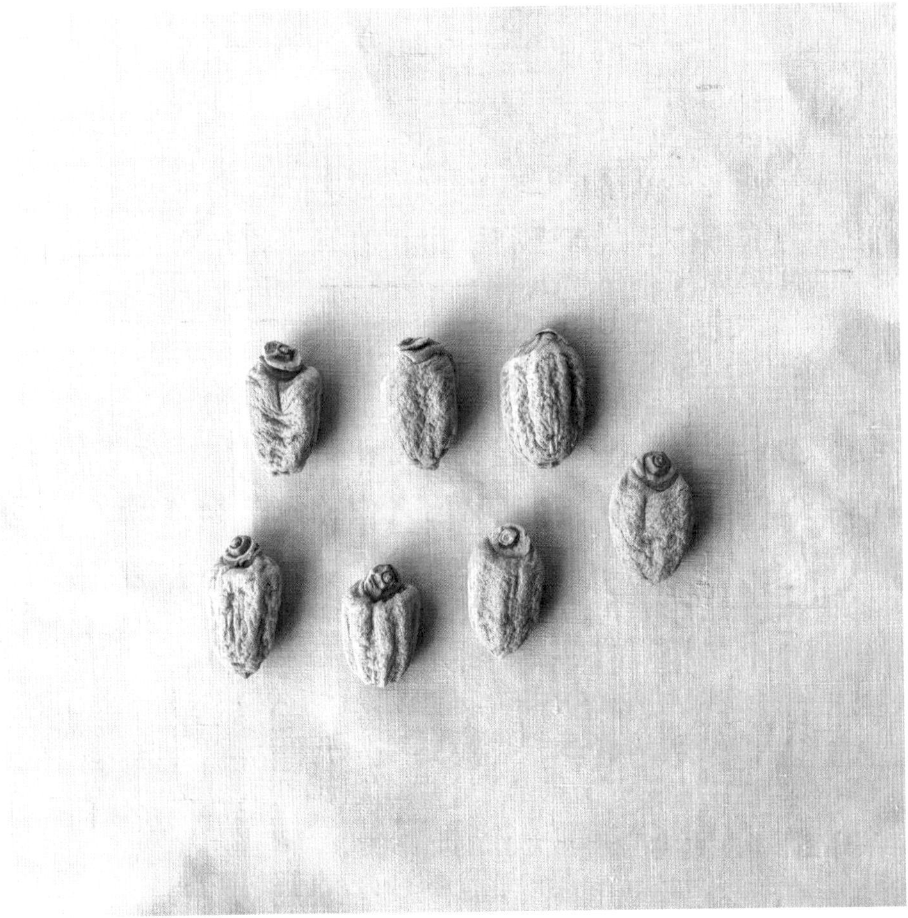

DEC
3

柿乾

最愛的柿乾季節到了。柿乾據說傳自中國，是冬天的保存食物。柿子本身帶寒，但做成柿乾之後反而有溫熱身體的作用，自古以來就被當成重要的食材。柿乾直接吃就很好吃，也可以運用在各種料理和甜點上，為冬天的餐桌帶來豐富的變化。

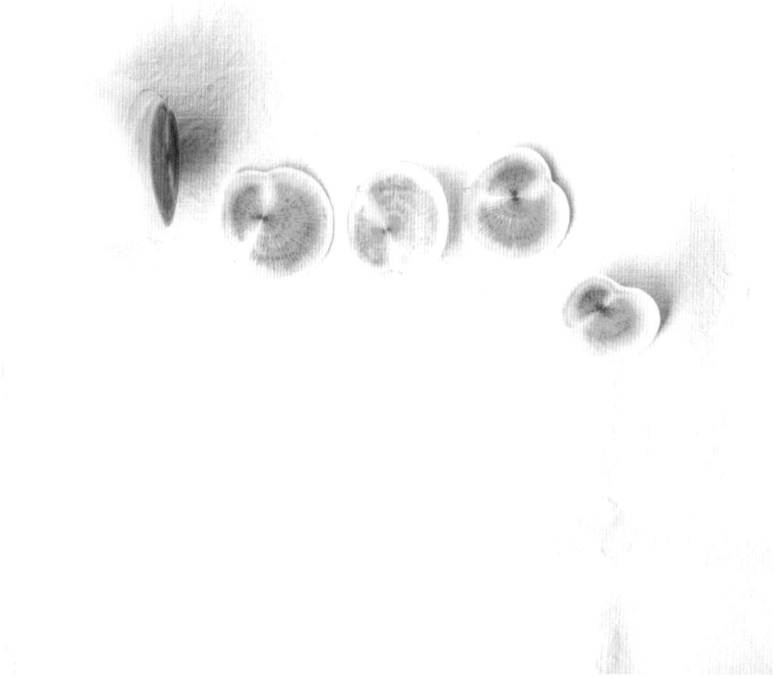

DEC

4

紅心蘿蔔

紅心蘿蔔同樣可以為色調平淡的冬日餐桌添增色彩。少了一般蘿蔔的嗆辣，多了甘甜的滋味。比起烹煮，更適合做成沙拉或漬物等生食。

DEC

5

蜂蜜與覆盆子

淋上蜂蜜後閃閃發亮的覆盆子，宛若紅色寶石。

DEC

6

覆盆子

酸酸甜甜的覆盆子不只可以做成甜點，也很適合入菜。例如白肉魚生薄片搭配大量的蜜漬覆盆子。

DEC
7

新娘花

散發著淡雅輕柔氛圍的新娘花（Serruria florida），是新娘捧花的人氣花卉。它有個非常貼切的英文名字，就叫作「Blushing Bride」（嬌羞的新娘）。

新娘花插成花飾可以維持很長的觀賞期，欣賞之餘還能做成美麗的乾燥花。

DEC

8

冬天的葉子

藍柏
絨柏
加寧桉
藍冰柏
日本冷杉

DEC

9

乾燥鬱金香

可愛的模樣，讓人不禁欣賞到忘了時間。

DEC

10

聖誕花圈

在一年進入尾聲的這個時刻，懷著感恩的心情製作聖誕花圈。靜靜地透過手作，回顧這一年來的點點滴滴，包括許多歡笑、美味的饗宴，與最愛的親友共度的時間……

在西方文化當中，認為在迎接新的一年和季節轉換之際，都會引來邪氣降臨。所以聖誕花圈使用了日本冷杉和藍冰柏等針葉樹，就是因為這些植物的香氣被認為可以驅除邪氣。

〈材料〉
絨柏
藍冰柏
藍柏
多花桉
石楠（Phylica ericoides）
木百合
絨毛飾球花、烏桕
市售的花圈底座　直徑20公分

①將每種花材的枝葉剪成約10～15公分長，一枝枝依序插入花圈底座。
②取長約20公分的絨柏和藍柏各一枝，插入底座，調整整體平衡感。
③最後將果實類的花材分散插入底座。

DEC

11

蕎麥麵

跨年想吃好吃的蕎麥麵，所以現在先試吃評比一下。

雖然也可以在除夕當天到蕎麥麵店裡吃，但想到要在寒冬中排隊就……

DEC

12

繡球花與蘋果果醬

想試著把可愛、漂亮的東西擺在一起。

希望我可以一直保有如此單純的念頭和想像。

DEC

13

紅心蘿蔔沙拉

紅心蘿蔔在酸的作用下，顏色會變得更鮮豔。

將蘿蔔切成薄片，拌以果醋和粗鹽醃漬，最後再以茴香及天竺葵點綴。

DEC
14

歐姆蛋

早起做了歐姆蛋搭配新鮮香草。看來今天會是個舒爽的早晨、美好的一天。

DEC
15

焙煎番茶冰淇淋

焙煎番茶的焙火香氣，和牛奶的香甜非常對味。

〈材料〉
焙煎番茶　7公克
牛奶　450公克
鮮奶油　90毫升
蛋黃　100公克
砂糖　90公克

①小鍋中放入牛奶、鮮奶油和焙煎番茶，中小火煮至冒泡沸騰。
②大碗裡放入蛋黃和砂糖，以打蛋器打發至泛白。
③將①分次慢慢倒入②中充分拌勻後倒回鍋中，邊以小火加熱邊以木杓攪拌直到呈濃稠狀。
④以網篩過濾後倒入金屬容器，放入冷凍庫。過程中可取出攪拌數次，使質地變得滑順。

DEC

16

冬天的果實

多花桉
木百合
絨毛飾球花
藍桉
杜松果實

DEC

17

風信子

每年必做的事。

在十二月，以水耕的方式種下風信子。

DEC

18

甜菜根濃湯

甜菜根的顏色總是令人驚豔。將甜菜根和洋蔥以奶油煮至濃稠的泥狀，加入熱水稀釋至適量濃度，再以鹽調味即可。若用牛奶或鮮奶油代替水，濃湯則會變成偏乳白的粉紅色，同樣是令人心動的色調。

DEC
19

香料

香料只需要一小匙，就能刺激味蕾，給身體帶來作用和效果。人生也用變化多端的香料來提個味吧！

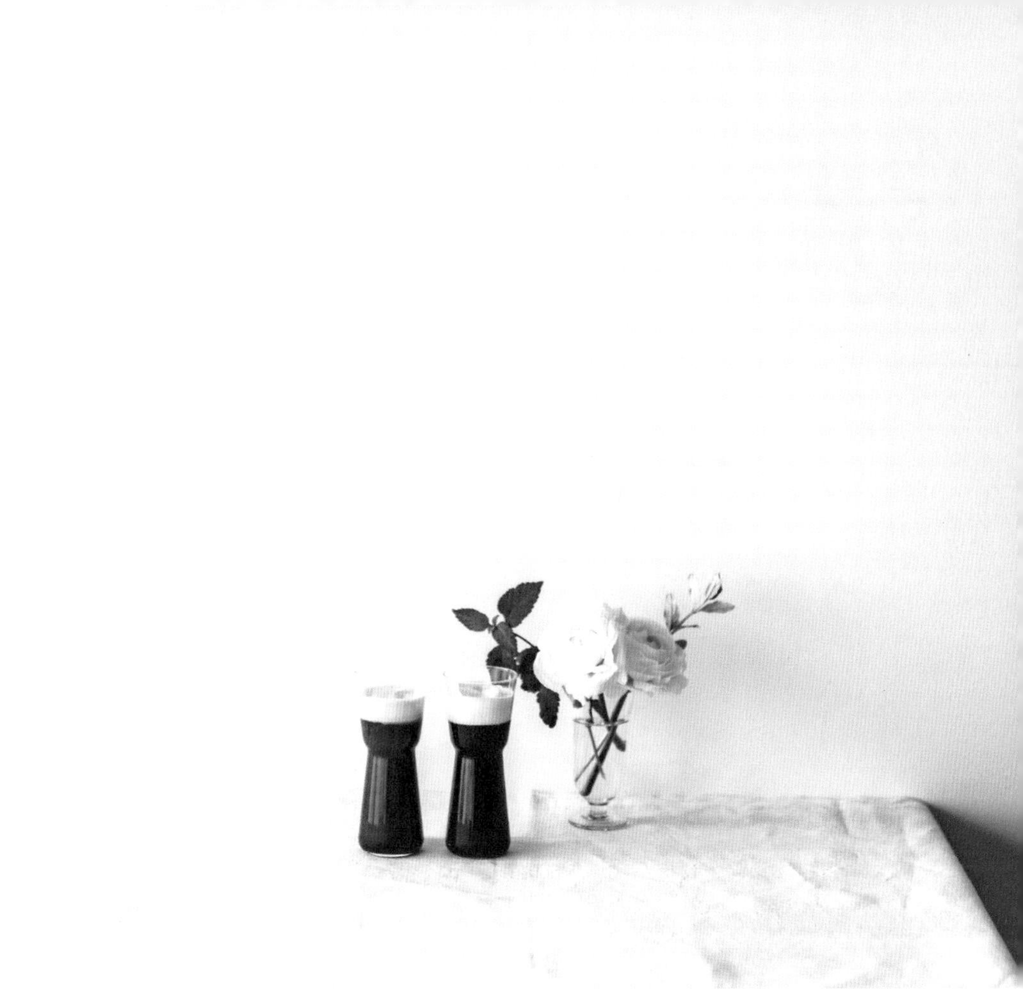

DEC

20

維也納咖啡與白色花朵

小時候對維也納咖啡懷有著些許憧憬。

猶如鮮奶油般潔白的陸蓮花，搭配有著美麗銀色葉子的胡頹子，以及因寒冷而漸漸染紅的薄荷插成花飾。

DEC

21

日本水仙

散發著迷人香氣的日本水仙，綻放於這開花不多的時節。

它的名字讓人容易以為原生於日本，但據說其實是很久以前從地中海經由絲路，透過中國傳至日本後野化的品種。

聽起來還真浪漫呀！

DEC 22

柚子茶

冬至。一年之中白天最短的日子。在這一天，大家習慣煮南瓜和紅豆粥來吃。

接下來，晚上還會洗個柚子澡。

在這之前，先來杯柚子茶放鬆一下吧。

DEC

23

黑色花束

名為「黑蝶」的暗紅色大理花，充滿成熟的大人韻味。

將兩枝大理花抓在手上，周圍以尤加利圍繞，綁成花束。保留修長的枝莖。

烤全雞

〈材料〉

全雞　1隻
檸檬　1顆
迷迭香　適量
大蒜　1瓣
橄欖油、粗鹽　各適量
蕪菁　2〜3顆
馬鈴薯　3〜4顆

將全雞內側均勻抹上粗鹽和橄欖油，塞入切半的檸檬、迷迭香和大蒜，以牙籤封口。蕪菁和馬鈴薯則切成適口大小。把全雞和蔬菜鋪在烤盤上，以橄欖油均勻塗抹在雞皮上，接著用攝氏200度的烤箱烤50〜60分鐘。中途取出烤盤，將滴落的油脂淋在雞皮上，再放回烤箱烘烤至完成。

DEC

24

DEC

25

聖誕壁飾

將象徵神聖的橡樹綁成花束，掛在大門上作為避邪之用，據說就是壁飾的由來。是一種單純將常綠樹的枝葉綁在一起，十分簡樸的壁飾。

DEC

26

巧克力波斯菊

一定要靠近聞聞它的香氣。
真的就是巧克力！

DEC
27

棉花

冬天的白，是代表純潔的顏色。

DEC

28

蓬萊年飾

習俗上必須在十二月二十八日之前，將過年的擺飾一切定位。「蓬萊年飾」也是祝賀新年的擺飾之一，據說是仿造中國古代長生不老仙人所居住的「蓬萊山」而來。雖說是古老習俗，卻已經融入現代生活中。用石松綁成花束，以稻穗、南天竹和水引繩裝飾，吊掛於牆壁上。

石松自古以來就是舉辦神事和祭事時，用來象徵純潔無穢的尊貴植物。

DEC

29

烤豬肉佐甜醬汁

用洋蔥和蘋果一起熬煮成鮮甜的醬汁。

搭配烤豬肉一起品嘗，成了風味柔和的無骨肉類料理。點綴的天竺葵葉同樣也帶有甘甜的滋味。

DEC

30

餐桌擺設

到了年底，和家人親友共聚用餐的機會也變多了。身為主人，餐桌擺設也是我的樂趣之一。今天就以迷迭香枝來取代餐巾環。

DEC
31

除夕

感謝各位讀到最後。
大家可能會覺得奇怪，怎麼除夕竟然是吃三明治呢？事實上，31日是我為自己訂下的「三明治之日」，每到這一天我都會做三明治來吃。
現在就給想回頭翻閱前面內容的各位出個題目，除了「三明治之日」之外，其實另外還藏了11個「○○之日」！分別是3、8、10、11、13、15、18、20、23、26、29日，這些是什麼之日呢？希望大家可以抱著尋找答案的心情，回頭重新翻閱一次。
今年也來到尾聲了。
期望來年也是收穫滿滿、平安美好的一年。

索引

ㄕ

ㄖ

ㄗ

ㄘ

ㄙ

ㄧ

ㄨ

ㄩ

ㄡ

花與料理

美味的、迷人的、365天

作者　平井和美．渡邊有子．大段萬智子
譯者　賴郁婷
設計　mollychang.cagw.
日文編輯　張瑋芃
責任編輯　林明月

發行人　江明玉
出版、發行　大鴻藝術股份有限公司　合作社出版
台北市103大同區鄭州路87號11樓之2
電話：(02)2559-0510
傳眞：(02)2559-0502
E-mail：hcspress@gmail.com
總經銷　高寶書版集團
台北市114內湖區洲子街88號3F
電話：(02)2799-2788
傳眞：(02)2799-0909

2021年5月初版
定價800元

國家圖書館出版品預行編目(CIP)資料
花與料理／平井和美、渡邊有子、大段萬智子著；賴郁婷譯．
--初版．--臺北市：大鴻藝術股份有限公司合作社出版，2021.04；392面；14.8×21公分
譯自：花と料理：おいしい、いとしい、365日
ISBN 978-986-95958-8-9(平裝)　1.食譜 2.花藝　427.1　　110004053